现代数据科学与人工智能技术

林国义◎主编

沈阳出版发行集团
沈阳出版社

图书在版编目（CIP）数据

现代数据科学与人工智能技术/林国义主编. --沈
阳：沈阳出版社，2023.7
ISBN 978-7-5716-3595-4

Ⅰ.①现… Ⅱ.①林… Ⅲ.①数据处理－高等学校－
教材②人工智能－高等学校－教材 Ⅳ.①TP274②TP18

中国国家版本馆 CIP 数据核字（2023）第 126578 号

出版发行：沈阳出版发行集团|沈阳出版社
　　　　　（地址：沈阳市沈河区南翰林路 10 号　邮编：110011）
网　　　址：http://www.sycbs.com
印　　　刷：北京四海锦诚印刷技术有限公司
幅面尺寸：185mm×260mm
印　　　张：10.75
字　　　数：210千字
出版时间：2023 年 7 月第 1 版
印刷时间：2023 年 7 月第 1 次印刷
责任编辑：吕　晶
责任校对：高玉君
责任监印：杨　旭

书　　　号：ISBN 978-7-5716-3595-4
定　　　价：88.00 元

联系电话：024-24112447
E－mail：sy24112447@163.com

本书若有印装质量问题，影响阅读，请与出版社联系调换。

前　言

现代数据科学与人工智能技术在各行各业中发挥着越来越重要的作用。随着互联网技术的飞速发展，各种大数据资源已经成为当前社会发展的重要基础。在这种背景下，数据科学技术作为一种新兴的数据处理方法发展起来，并逐渐融合和演进为人工智能技术。

人工智能技术丰富和拓展了数据科学的应用范围，不仅可以进行数据挖掘、机器学习等领域的研究，还可以将人工智能技术与现实生活进行深度融合。同时，人工智能技术的巨大潜力也推动了各行业的数字化转型，使得企业能够更加精准地进行商业决策，提高效率和降低成本。

基于此，本书以"现代数据科学与人工智能技术"为题。首先，论述数据科学的定义与由来，数据科学的结构与数据分析流程，数据科学的研究范畴与学习意义，数据、云计算、大数据、大数据与人工智能的关系；其次，分析数据的获取与预处理、数据的存储与处理、数据分析及其可视化；再次，探讨人工智能技术中的概念与知识表示、知识图谱与推理、知识库与知识搜索技术、机器学习与自然语言处理；最后，探究大数据与人工智能在工业领域的应用、在教育领域的应用、在医疗领域的应用、在金融领域的应用、在安全领域的应用。

全书内容逻辑清晰，结构层次严谨，主要以人工智能技术与数据处理为论述重点，分析数据科学与人工智能技术的实际应用，兼具理论与实践价值，可供广大相关工作者参考借鉴。

在本书的写作过程中，作者得到了许多专家学者的帮助和指导，参考了大量的相关学术文献，在此表示真诚的感谢。由于水平有限，书中难免会有疏漏之处，希望同行学者和广大读者予以批评指正。

目 录

第一章　数据科学概述

进入了大数据时代，数据无处不在。与数据相关的能力，包括获取数据、理解数据、处理数据、从数据中提取价值、用可视化方式展现数据、交流数据，将成为未来数十年间至关重要的一项能力。数据科学涉及内容广泛，涵盖数学、统计学、计算机科学、人工智能、模式识别、分布式计算、图形学等多个领域的技术和理论。研究数据科学，能够提高人们处理数据的能力，并运用这些技术和工具，帮助人们应对学习、工作和生活。

第一节　数据科学的定义与由来

一、数据科学的定义

科学研究的范围小到粒子，大到整个可见宇宙，囊括了客观世界的方方面面，还涉及主观世界中人的逻辑思维、社会行为等。科学是关于自然界、社会和思维的知识体系，是为适应人们生产斗争和阶级斗争的需要而产生和发展的，它是人们实践经验的结晶。科学是一项系统性工程，它以各种可验证、可测试的关于宇宙万物的解释和预测的形式，来创造、构建和组织知识体系。总之，科学就是一项系统性的，通过不断的探索和尝试，去获取知识、了解世界的工程。

由科学引申出数据科学的定义。数据科学就是一门通过系统性研究来获取与数据相关的知识体系的科学。数据科学包含两个层面：一方面，数据科学就是研究数据本身，研究数据的各种类型、结构、状态、属性及变化形式和变化规律；另一方面，数据科学就是通过对数据的研究，为自然科学和社会科学的研究提供一种新的方法，揭示自然界和人类行为的现象和规律。

数据科学是利用科学方法、流程、算法和系统从数据中提取价值的跨学科领域。"数据科学作为一门应用型学科，在很多领域都发挥着重要的作用。"① 数据科学学科结合了统计学、信息科学和计算机科学的方法、系统和过程，通过结构化或非结构化数据提供对现象的洞察。数据科学是一个混合了数学、计算机科学以及相关行业知识的交叉学科，主要包括统计学、操作系统、程序设计、数据库、机器学习、数据可视化等相关领域的知识。

二、数据科学的由来

数据科学这个词最早出现在 1960 年，是由丹麦人、2005 年图灵奖得主、计算机科学领域的先驱彼得·诺尔提出的。最初，彼得·诺尔打算用它来代称计算机科学。1974 年，彼得·诺尔对当时的数据处理方法进行了广泛调研，他多次提到了数据科学。

1997 年，统计学家吴建福在美国密歇根大学做了名为"统计学是否等同于数据科学"的讲座。他把统计学归结为由数据收集、数据建模和分析、数据决策组成的三部曲，并认为应将统计学重命名为数据科学。

2002 年，开始出现数据科学相关的期刊。包括 Data Science Journal 以及 2003 年创刊的 The Journal of Data Science。

随着大数据时代的到来，数据科学这门学科在近些年来受到了越来越多的关注。

第二节　数据科学的结构与数据分析流程

一、数据科学的结构

信息是数据的内涵，数据是信息的载体，数据是记录或表示信息的一种形式，信息可以从数据中提炼出来。人们对各种形式的数据进行收集、存储、加工和传播的一系列活动的总和称为数据处理。数据本身并没有意义，数据只有经过处理解释后才有意义，这就使得数据成为信息。

数据科学研究的就是数据形成知识的过程，通过假定设想、分析建模等处理分析方法，从数据中发现可使用的知识，改进关键决策过程。数据科学的最终产物是数据产品，是由数据产生的可交付物或由数据驱动的产物。数据科学的结构主要包括领域专长、数学

---

① 吴丹，孙雅琪，许浩. 数据科学研究生教育的多学科比较研究 [J]. 图书馆论坛，2021，41 (11)：108-117.

和计算机科学。

（一）领域专长

领域专长是指从事数据工作的人员需要了解数据来源的业务领域，充分运用领域知识提出正确的问题。细节问题可以帮助数据分析人员找到行动的方向。

（二）数学

数学是一门工具性很强的学科，它与别的学科比较起来还具有较高的抽象性等特征。在数据科学中，解决问题的过程离不开数据模型的建立和数据可视化分析。坚实的数学基础对于完善数学模型并使模型更加可靠是十分必要的。

（三）计算机科学

数据科学是由计算机系统来实现的，数据科学项目需要建立正确的系统架构，包括存储、计算和网络环境，针对具体需求设计相应的技术路线，选用合适的开发平台和工具，最终实现分析目标。

二、数据分析的流程

数据科学是包括数据理论、数据处理及数据管理等知识的一门系统科学。数据科学的核心工作是数据分析，即面向具体应用需求，进行原始数据收集、信息准备、模式分析并形成关键知识、创造价值的活动。

数据分析的关键步骤包括提出分析目标，获取数据集，对该数据集进行探索发现整体特性，使用统计、机器学习或数据挖掘技术进行数据实验，发现数据规律，将数据可视化，构建数据产品。数据分析的流程主要包括五个步骤：问题描述、数据准备、数据探索、预测建模、结果可视化。

（一）问题描述

问题描述需要首先明确数据分析的目的，只有明确目的，数据分析才不会偏离方向。数据科学不是因为有了数据，就针对数据进行分析，而是有需要解决的问题，才对应地搜集数据、分析数据。基于专业背景，界定问题、明确数据分析的目标和需求是数据分析项目成败的关键所在。

明确分析目的后，需要对思路进行梳理分析，并搭建分析框架，需要把分析目的分解成若干个不同的分析要点，包括具体开展数据分析、数据分析的角度、数据分析的指标、数据分析的逻辑思维、数据分析的理论依据、明确数据分析目的以及确定分析思路。这些工作是确保数据分析过程有效进行的先决条件，可以为数据准备提供清晰的指引方向。

（二）数据准备

数据准备包括数据获取、数据清洗、数据标准化，最终转化为可供分析的数据。面向问题需求，可以从多种渠道采集到相关数据，然后按照业务逻辑将这些形式各异的数据组织为格式化的数据，去掉其中的冗余数据、无效数据，补充缺失数据。

（三）数据探索

数据探索主要采用统计或图形化的形式来考察数据，观察数据的统计特性，数据成员之间的关联、模式等。在数据探索过程中如果发现数据含有重复值、缺失值或异常值，需要返回重新进行数据清洗。

（四）预测建模

根据分析目标，通过机器学习或统计方法，从数据中建立问题描述模型。建立模型应尝试多种算法，每种算法都有相对适用的数据集，需要根据数据探索阶段获得的数据集特性来选择。因此，需要对生成的模型进行评估，尝试多种算法及各种参数设置，从而获得特定问题的相对最优解答。

（五）结果可视化

通过数据分析，隐藏在数据内部的关系和规律就会逐渐浮现出来，整理分析结果，展示并将分析结果保存在应用系统中。展示的形式有多种，如饼图、柱形图、条形图、折线图、散点图、雷达图等。这些结果被粘贴到各种报告中，或者发布到 Web 应用系统、移动应用的页面上，形成数据产品。在多数情况下，人们更愿意接受图形这种数据展现方式，因为它能更加有效、直观地传递出分析师所要表达的观点。

总之，数据科学工作流程的每个环节都需要发挥领域知识的作用，指导分析过程走向正确的方向。

第三节 数据科学的研究范畴与学习意义

一、数据科学的研究范畴

数据科学的研究对象是数据本身，通过研究数据来获取对自然、生命和行为的认识，进而获得信息和知识。数据科学的研究对象、研究目的和研究方法等，都与已有的计算机科学、信息科学和知识科学有着本质的不同。自然科学研究自然现象和规律，认识的对象是整个自然界，即自然界物质的各种类型、状态、属性及运动形式。行为科学是研究自然和社会环境中人的行为以及低级动物行为的科学，包括心理学、社会学、社会人类学等。数据科学支持了自然科学和行为科学的研究工作。而随着数据科学的发展，越来越多的科学研究工作将会直接针对数据进行，这将使人类更好地认识数据，从而更加深刻地认识自然和社会。

数据科学的研究范畴包括：①数据与统计学相关知识，包括数据模型、数据过滤、数据统计和分析、数据结构优化等；②计算机科学的相关知识，包括数据的获取技术、数据的处理方法、数据的存储和安全性保障等；③图形学的相关知识，包括数据的可视化、数据的协同仿真、虚拟环境的实现等；④人工智能的相关知识，包括机器学习算法的应用、神经网络的运用等；⑤领域相关知识，包括处理特定领域的数据分析和解读时需要用到的理论和方法等。总结起来，数据科学的具体研究内容可以分为以下四个方面：

第一，基础理论研究（科学）。基础理论研究的对象是：数据的观察方法和数据推理的理论，包括数据的存在性、数据测度、数据代数、数据相似性、数据分类与数据百科全书等。

第二，实验和逻辑推理方法研究（工程）。要想做好实验和逻辑推理方法研究（工程），需要建立数据科学的实验方法，建立许多科学假说和理论体系，并通过这些实验方法和理论体系来开展对数据的探索研究，从而认识数据的各种类型、状态、属性及其变化形式和变化规律，揭示自然界和人类行为的现象和规律。

第三，数据资源的开发利用方法和技术研究（技术）。数据资源的开发利用方法和技术研究（技术）主要是指研究数据挖掘、清洗、存储、处理、分析、建模、可视化、展现等一系列过程中所遇到的各种技术难题和挑战。

第四，领域数据科学研究（应用）。领域数据科学研究（应用）主要是指将数据科学的理论和方法应用于各种领域，从而形成针对专门领域的数据科学，如脑数据科学、行为数据科学、生物数据科学、气象数据科学、金融数据科学、地理数据科学等。

二、数据科学的学习意义

随着科技的与时俱进，社会需要数量巨大的深度解析数据科学家和数据管理人员。科学的从业者被称为科学家，数据科学家就是数据科学的从业者。而数据工程师，就是可以熟练运用数据科学的工程人员。数据科学这门课程的意义就在于培养数据科学家或者数据工程师。

思考与练习

1. 什么是数据科学？简述数据科学的由来。

2. 数据分析的基本流程包括哪些？

3. 数据科学的研究范畴有哪些？

第二章 数据、云计算与大数据

第一节 数据

一、数据的内涵

数据科学的核心就是研究数据，获取知识。数据是指以定性或定量的方式来描述事物的符号记录，是可定义为意义的实体，它涉及事物的存在形式。数据就是人为创造的一种对事物的表示方式，是通过观察或实验得来的对现实世界中的地方、事件、对象或概念的描述和反映。

数据可以是连续的值，如声音，它们称为模拟数据；也可以是不连续（离散）的值，如成绩，它们称为数字数据。数据并不局限于数字，文本、音频、图像、视频都可以是数据。

二、数据、信息与知识

数据、信息与知识，这三个概念会存在一些交叠，容易混淆，有必要进行区分。这三个概念之间最主要的区别是所考虑的抽象层次不同。数据是最低层次的抽象，信息次之，知识则是最高层次的抽象。数据是原始的、零散的，数据本身是没有意义的，数据经过了处理依然是数据，只有经过解释和理解才有意义。从数据抽象到信息的过程，就是对数据解读和释义的过程。人们只有对数据进行解释和理解之后，才可以从数据中提取出有用的信息。只有对信息进行整合和呈现，才能够获得知识。数据是信息的载体，是形成知识的来源，是智慧、决策以及价值创造的基础。

信息所涉及的范畴非常广泛，从日常生活到技术细节都可以涵盖其中。通常而言，信息一般与约束、形式、指示、含义、样式、表达等紧密关联。数据是一些符号的组合，而当这些符号被用来指示某个事物或者某件事情时，则成了信息。

知识是人们对某件物品或某种现象的理论性或实践性的理解，知识一般是形式化的或系统化的。知识的获取，一般是通过传授或亲身经历。

数据科学所研究的正是从数据整合成信息进而组织成知识的整个过程，其中包含了对数据进行采集、分类、录入、储存、处理、统计、分析、整合、呈现等一系列活动。

第二节　云计算

云计算与以前的计算中心最大的不同是按需付费的概念。云计算应用一个公共的大型数据中心的资源，每次计算只需预约一下处理机和存储器，计算完毕后按实际使用情况付费。这个公共大型数据中心就是所讲的云计算中心，这种计算模式就叫云计算。

云计算的概念一出现就受到各行各业的重视。政府、企业、研究单位及大学都投入到对云计算的研究和使用中，许多 IT 公司也推出了各种云计算解决方案。云计算是一种计算模式，它是技术发展到一定程度的必然产物。云计算的出现反映出人们对于信息系统一种更快、更大、更廉价的追求。"云计算因具有资源利用率高、节约成本的特点，其任务数据存储量较大，已经得以广泛应用。"[①]

一、云计算的内涵

云计算是一种 IT 资源的交付和使用模式，指通过网络以按需、易扩展的方式获得所需的资源（硬件、平台、软件、服务），提供资源的网络数据中心被称为云。

云计算系统主要是将信息永久地存储在云中的服务器上，在使用信息时只是在客户端进行缓存。客户端可以是桌面机、笔记本式计算机、手持设备等。云计算系统不仅能够向用户提供硬件服务、软件服务、数据资源服务，而且能够向用户提供能够配置的平台服务。因此，用户可以按需向计算平台提交自己的硬件配置、软件安装、数据访问需求。云计算是由一组内部互连的虚拟机组成的并行和分布式计算系统，系统能够根据服务提供商和客户之间协商好的服务等级协议动态提供计算资源。

云计算是一种基于因特网的超级计算模式，在远程的数据中心，成千上万台计算机和服务器连接成一片计算机云。因此，云计算甚至可以让用户体验每秒 10 万亿次的运算能力。用户通过计算机、手机等方式接入数据中心，按自己的需求进行运算。云计算的计算

---

① 　杨丽华，鄂晶晶，冯锋. 云计算任务数据节能存储模型仿真 [J]. 计算机仿真，2023，40（2）：535-539.

资源是动态易扩展而且虚拟化的，往往通过互联网提供。用户不需要了解云中基础设施的细节，不必具有相应的专业知识，也无须直接进行控制。

二、云计算的特征

（一）按需自助服务

在云计算中，消费者无须与服务商交互，就可自动地得到资助的计算资源能力，如服务器的数量和使用时间、网络存储空间等，即资源的自助服务。

（二）以网络为基础

在云计算中，所有的资源均不在本地，消费者通过网络获得资源的服务，并通过网络支付所获服务的费用。

（三）虚拟的资源池

在云计算中，云端所有可提供服务的资源全部虚拟化，并形成相应的资源池；云计算可根据消费者的需要在资源池中动态配置、部署或释放有关资源。

（四）弹性资源配置

云计算对消费者提供服务的资源配置是弹性的，可根据消费者对资源需求的变化，实时动态地增减资源的配置，从而达到资源服务效率的最大化。

（五）服务可被计算

在云计算中，资源的服务可被计量，从而可被计费。系统通过计量的方法来自动控制和优化资源使用。资源的使用可被监测、控制以及对供应商和用户提供透明的报告，为即付即用模式。

三、云计算的类型

云计算的类型包括三种：公共云、私有云和混合云。公共大型数据中心就是公共云，它在互联网中且任何人都可以访问，但部分服务需要付费，如 Google 云、Amazon 云等。有些大型组织或领域如大学、教育局、科学院等可以建立自己的云服务，即建设自己的云数据中心，仅为本组织人员服务，这就是私有云。一般可以用是否在防火墙内来区分私有云和公共云，有些应用既要用到公共云，又要用到私有云，这就是混合云。

四、云计算的形态

(一) 基础设施服务 (IaaS)

基础设施服务 (IaaS) 具备为消费者提供处理、存储、网络以及基础计算资源的能力。消费者可以部署和运行任何软件 (包括操作系统和应用软件), 而不必管理、控制产生这些资源能力的设备和设施。

(二) 平台服务 (PaaS)

平台服务 (PaaS) 是指消费者通过服务商提供的编程语言及基础平台, 开发相关的应用, 并在其上运行已开发的应用。消费者并不管理和控制服务商的基础设施、操作系统及提供服务的平台, 但能够控制部署应用, 并能够对应用环境进行配置。

(三) 软件服务 (SaaS)

软件服务 (SaaS) 是指消费者通过网络使用服务商提供的软件服务, 而无须购买软硬件、建设机房、招聘 IT 人员。即消费者可通过互联网以租赁方式使用其所需要使用的各种以软件为特征的信息系统。

五、云计算产生的基础

云计算的出现是计算技术、网络通信技术以及互联网应用的成长和成熟的自然的产物。

(一) 计算技术

随着单位成本的降低以及单个集成电路所集成的晶体管数量的增加, 计算能力相对于时间周期将呈指数倍上升。随着计算机革命的到来, 计算机运算速度越来越快, 存储容量越来越大, 整机价格越来越低, CPU 性能随之提高。与此同时, 虚拟化、分布式计算和并行计算、分布式海量数据存储和管理等有关技术也相继发展和日益成熟, 客观上为云计算的出现奠定了技术储备。

(二) 通信带宽

密集波分复用技术开始从实验室进入商业领域, 该技术可在一根光纤里传送多路平行的 Gb 级光信号。该技术的应用导致远程通信带宽成本大幅下降。

（三）互联网

目前，互联网已成为人们感知和认知的不可或缺的设备，由于互联网的存在，人们的感知能力和认知能力挣脱了时间和空间的束缚，得到了极大的延伸。同时，互联网成为人与人之间沟通的不可或缺的设备；由于互联网的存在，人与人之间、人与社会之间沟通的质量和效率得到了极大的提升。

互联网技术造就了遍布世界每一个角落的计算机网络，从光纤网络到无线网络深入人们的工作与生活中，也就使分布式系统得以实现，客观上为云计算的硬件和软件创造了条件，造就了云计算的需求和用户。

（四）系统虚拟化技术

随着虚拟技术的进步，系统虚拟化技术有了长足发展。一台服务器能够整合过去多台服务器的负载，从而有效地提升硬件的利用率，降低能源损耗和硬件的购买成本。更重要的是，这些技术有效地提升了数据中心自动化管理的程度，从而极大地减少了在管理方面的投入，使数据中心的管理更加智能化。

六、云计算的关键技术

云计算所涉及的关键技术皆非云计算所专有，而是多年来 IT 技术在发展过程中由实际需求而孕育、发育、生长并成熟起来的，即技术的成熟促成了云计算的出现。云计算的关键技术包括以下方面：

（一）虚拟化技术

虚拟化技术实现了物理资源的逻辑抽象和统一表示。通过虚拟化技术可提高资源的利用率，并能根据用户业务需求的变化，快速灵活地进行资源配置和部署。虚拟化技术将物理设备的具体技术特性加以封装隐藏，对外提供统一的逻辑接口，从而屏蔽了物理设备因多样性而带来的差异。虚拟化技术主要包括：计算虚拟化、存储虚拟化、网络虚拟化、应用虚拟化等。

（二）分布式编程模型与计算

分布式编程模型实现了在后台自动地将用户的程序分解为高效的分布式计算或并行计算模式，并在后台具体执行计算工作，包括相关的任务调度。为使用户能更轻松地享受云计算带来的服务，让用户能利用该编程模型编写简单的程序来实现特定的目的，分布式编程模型必须十分简单，而且这种功能和能力对用户和编程人员是透明的。

（三）海量数据分布式存储技术

云计算系统需要同时满足大量用户的需求，并行地为大量用户提供服务。为保证高可用性、高可靠性和经济性，云计算采用分布式存储方式来存储数据，采用冗余存储方式来保证数据的可靠性。因此，云计算的数据存储技术具有分布式、高吞吐率和高传输率的特点。

（四）海量数据管理技术

云计算需要对分布式存储的海量数据进行处理和分析，因此云计算的数据管理技术必须具备高效管理大量分布式数据的能力。

（五）虚拟资源的管理与调度

云计算系统的平台管理技术能够使大量的虚拟化资源协同工作，方便地进行业务部署和开通，快速发现和恢复系统故障，通过自动化、智能化手段实现大规模系统的可靠运行。

（六）云计算相关的安全技术

云计算模式带来一系列的安全问题，包括用户隐私的保护、用户数据的备份、云计算基础设施的防护等，这些问题都需要更强的技术手段，乃至法律手段去解决。

七、云计算的重要价值

从最终用户、信息技术、社会和政治学以及可持续发展等角度来看，云计算具有以下几方面的价值：

（一）提供高效便捷的服务

云计算是一种 IT 资源的交付和使用模式。对于最终用户而言，云计算不是一种新技术，不是一个新的 IT 架构，不是一种新方法。云计算是一种全新的 IT 资源交付模式，这种模式使得用户能够完成他所需要做的事情，而不需要特殊的 IT 支持。对用户来说，云计算的技术层面是抽象的、隐藏的。用户可以通过获得服务来使用它，但不必购置、管理和维护它。

（二）推动信息技术的变革

云计算是一种商业模式的革命，从信息技术的角度考量，云计算是继个人计算机、互联网之后的第三次信息技术革命。云计算与 PC、Internet 的不同之处在于：云计算的存在不只基于硬件、软件和网络，而且更主要的是它是基于网络的资源及服务的。云计算是一种商业模式的革命，它彻底改变了人们获取 IT 服务的方式，降低了社会信息化的门槛。

（三）促进社会的发展转型

云计算是一次对生产力的解放。云计算最大限度地降低了使用者的信息化工作的代价，解脱了前期购置 IT 资产的高额投入以及中后期 IT 设备运行维护管理的附加代价等加诸于使用者身上的沉重枷锁，使得使用者可以按量付费。这将使蕴藏在人们脑海中的各种知识、智慧等得以更加便捷、更小代价地转变为实际成果，从而极大地解放了生产力。此外，云计算对推动创新型、平等与和谐社会的社会转型，也具有一定的积极意义。

（四）建立可持续发展模式

云计算是一种可持续的发展模式。对使用者来说，IT 不重要，技术不重要，重要的是需求的全面满足；而对于提供者来说，如果用户需求的满足是建立在提供者所不可承受的代价基础之上，那么这种满足方式就是不可持续的。因此，只有在提供者持续的有赢利发展的状态下，使用者的要求才能得到持久的满足，只有双赢才能让事情延续下去。

云计算使人们多年的梦想逐渐变成现实，即为实现工作或生活中的某个必须使用信息技术予以完成的目标，人们不必首先花费高昂代价来购买 IT 资产或掌握相关 IT 技能，而是可以像日常生活中使用水、电一样，通过计量收费方式直接购买 IT 资源或服务。云计算彻底降低了信息化的准入门槛，使所有与之相关的工作变得更加简单、合理和自然，也使创新和变革变得更加容易和便捷。

第三节　大数据

一、大数据的认知

（一）大数据的基本类型

"随着大数据的持续发展，数据已经成为国家的重大战略资源，对社会影响日益明显。"① 大数据是流动的、变化的、快速增长的信息资产，蕴含着巨大的可能和潜力，能够带来无法想象的价值空间，因此，需要以新的思维模式、运用新的技术手段、采取新的模式方法来解读和分析，从而获取其中所蕴含的价值。大数据需要创新处理模式，才能成为具有更强的决策力、洞察发现力和流程优化能力的海量、高增长率和多样化的信息资产。

通常来说，大数据包括网络日志、音频、视频、图片、地理位置信息等各种结构化、半结构化和非结构化的数据。结构化数据，是存储在数据库里的，可以用二维表结构来表达实现的数据。非结构化数据，包括所有格式的办公文档、文本、图片、XML、HTML、报表、图像和音频/视频信息等。半结构化数据，就是介于结构化数据和非结构化数据之间的数据。它一般是自描述性的，数据的结构和内容混在一起，没有明显的区分。

大数据之所以具有如此强的多样性，其根源就在于随着互联网和物联网的发展，各种设备通过网络连成了一个整体。在互联网上，人类不仅是网络信息的获取者，也是信息的制造者和传播者。而物联网中连接起来的各种设备、传感器、仪器也在不停制造、产生和传递各种各样的数据。

（二） 大数据的主要特征

大数据具有以下特征：

第一，在数据量方面。当前全球所拥有的数据总量已经远远超过历史上的任何时期，更为重要的是，数据量的增加速度呈现出倍增趋势，并且每个应用所计算的数据量也大幅增加。

第二，在数据速率方面。数据的产生、传播的速度更快，在不同时空中流转，呈现出鲜明的流式特征，更为重要的是，数据价值的有效时间急剧缩短，也要求越来越高的数据计算和使用能力。

第三，在数据复杂性方面。数据种类繁多，数据在编码方式、存储格式、应用特征等多个方面也存在多层次、多方面的差异性，结构化、半结构化、非结构化数据并存，并且半结构化、非结构化数据所占的比例不断增加。

第四，在数据价值方面。数据规模增大到一定程度之后，隐含于数据中的知识的价值也随之增大，并将进一步推动社会的发展和科技的进步。此外，大数据往往还呈现出个性化、不完备化、价值稀疏、交叉复用等特征。

---

① 张清华，高渝，申秋萍. 数据科学：从数字世界到数智世界 [J]. 数据采集与处理，2022，37 (3)：471-487.

大数据蕴含大信息，大信息提炼大知识，大知识将在更高的层面上、更广的视角下、更大的范围内帮助用户提高洞察力，提升决策力，将为人类社会创造前所未有的重大价值。但与此同时，这些总量极大的价值往往隐藏在大数据中，表现出价值密度极低、分布极其不规律、信息隐藏程度极深、发现有用的价值极其困难的鲜明特征。这些特征必然为大数据的计算环节带来前所未有的挑战和机遇，并要求大数据计算系统具备高性能、实时性、分布式、易用性、可扩展性等特征。

如果将云计算看作是对过去传统 IT 架构的颠覆，云计算也仅仅是硬件层面对行业的改造，而大数据的分析应用却是对行业中业务层面的升级。大数据将改变企业之间的竞争模式，未来的企业将都是数据化生存的企业，企业之间竞争的焦点将从资本、技术、商业模式的竞争转向对大数据的争夺，这将体现为一个企业拥有的数据的规模、数据的多样性以及基于数据构建全新的产品和商业模式的能力。目前来看，越来越多的传统企业看到了云计算和大数据的价值，从传统的 IT 积极向 DT 时代转型是当前一段时间的主流，简单地解决云化的问题，并不能给它们带来更大价值。

（三）大数据的基本功能

如何把数据资源转化为解决方案，实现产品化，是人们特别关注的问题。大数据主要有以下基本功能：

第一，追踪。互联网和物联网无时无刻不在记录，大数据可以追踪、追溯任何记录，形成真实的历史轨迹。追踪是许多大数据应用的起点，包括消费者购买行为、购买偏好、支付手段、搜索和浏览历史、位置信息等。

第二，识别。在对各种因素全面追踪的基础上，通过定位、比对、筛选可以实现精准识别，尤其是对语音、图像、视频进行识别，丰富可分析的内容，得到的结果更为精准。

第三，画像。通过对同一主体不同数据源的追踪、识别、匹配，形成更立体的刻画和更全面的认识。对消费者画像，可以精准地推送广告和产品；对企业画像，可以准确地判断其信用及面临的风险。

第四，预测。在历史轨迹、识别和画像基础上，对未来趋势及重复出现的可能性进行预测，当某些指标出现预期变化或超预期变化时给予提示、预警。以前也有基于统计的预测，大数据丰富了预测手段，对建立风险控制模型有深刻意义。

第五，匹配。在海量信息中精准追踪和识别，利用相关性、接近性等进行筛选比对，更有效率地实现产品搭售和供需匹配。大数据匹配功能是互联网约车、租房、金融等共享经济新商业模式的基础。

第六，优化。按距离最短、成本最低等给定的原则，通过各种算法对路径、资源等进行优化配置。对企业而言，提高服务水平，提升内部效率；对公共部门而言，节约公共资源，提升公共服务能力。

当前许多貌似复杂的应用，大部分都可以细分成以上几种类型。例如：大数据精准扶贫项目，从大数据应用角度，通过识别、画像，可以对贫困户实现精准筛选和界定，找对扶贫对象；通过追踪、提示，可以对扶贫资金、扶贫行为和扶贫效果进行监控和评估；通过配对、优化，可以更好地发挥扶贫资源的作用。这些功能并不都是大数据所特有的，只是大数据远远超出了以前的技术，可以做得更精准、更快、更好。

（四）大数据产生的基础

数据，已经渗透到当今每一个行业和业务职能领域，成为重要的生产因素。人们对海量数据的挖掘和运用，预示着新一波生产率的增长和消费者盈余浪潮的到来。大数据的使用将成为个人公司提升竞争力、促进增长的一个关键基础。大数据的产生有两个基础：计算机技术的发展是大数据时代出现的技术基础，而互联网和物联网的发展则是大数据时代出现的数据基础。

1. 大数据出现的技术基础

计算机技术的飞速发展，是大数据时代出现的技术基础。无线互联技术，推动了移动互联网、传感器网络的飞速发展。通过移动互联网，人们可以无时无刻、无处不在地访问互联网，从而持续不断地产生和传播数据。而无线传感器网络更是每天不间断地产生各种信号数据。数据抓取技术，让数据获取变得越来越简便。并行处理技术的发展，大大提升了处理巨量数据的能力和效率。高容量、高可靠性存储技术的发展，让人们可以存储更多的数据，可以更快地存取数据。

数据可视化、虚拟现实技术，帮助人们把数据转化为更为形象直观的视觉感受，更为深刻地把握数据背后的价值和含义。人工智能技术，以机器智慧帮助人们挖掘数据之中的价值，更好地辅助决策。

2. 大数据出现的数据基础

互联网和物联网的蓬勃发展是大数据时代出现的数据基础。互联网，特别是移动互联网的普及，让网络无处不在，也让数据无处不在。互联网上产生和传播的数据主要是一些主观性的数据，包括人们发布的文本、图片、音频、视频等，以及人们在上网的过程中所记录下来的浏览日志、点击流等信息，更多地属于非结构化数据。

当物物相连，物物都能产生数据时，汽车、家具、传感器、衣物这些都能产生数据。互联网上的数据主要依靠人来产生，但人需要休息，可是设备不需要休息，因此，物联网天生就是大数据。与互联网相比，物联网所产生的数据更为结构化，速度更快、体量更大，主要是客观性的数据，通常为仪器、设备和传感器网络所记录的各种声、光、电、温度、湿度、重力、加速度数据。

（五）大数据的渠道来源

在下一代的革命中，无论是工业 4.0（即中国制造 2025）还是物联网（甚至是一个全新的协议与标准），随着数据科学与云计算能力（甚至是基于区块链的分布式计算技术）的发展，唯独数据是所有系统的核心。万物互联、万物数据化之后，基于数据的个性化、智能化将是一次全新的革命，将超越 100 多年前开始的自动化生产线的工业 3.0，给人类社会整体的生产力提升带来一次根本性的突破，实现从 0 到 1 的巨大变化。正是在这个意义上，这是一场商业模式的范式革命。商业的未来、知识的未来、文明的未来，本质上就是人的未来。而基于数据智能的智能商业，就是未来的起点。大数据的第一要务就是需要有数据。

关于数据来源，人们普遍认为互联网及物联网是产生并承载大数据的基地。互联网公司是天生的大数据公司，在搜索、社交、媒体、交易等各自的核心业务领域内，积累并持续产生海量数据。能够上网的智能手机和平板电脑越来越普遍，这些移动设备上的 App 都能够追踪和沟通无数事件，从 App 内的交易数据（如搜索产品的记录事件）到个人信息资料或状态报告事件（如地点变更，即报告一个新的地理编码）。非结构数据广泛存在于电子邮件、文档、图片、音频、视频以及通过博客、维基，尤其是社交媒体产生的数据流中。这些数据为使用文本分析功能进行分析提供了丰富的数据源泉，还包括电子商务购物数据、交易行为数据、Web 服务器记录的网页点击流数据日志。

物联网设备每时每刻都在采集数据，设备数量和数据量都在与日俱增，包括功能设备创建或生成的数据，如智能电表、智能温度控制器、工厂机器和连接互联网的家用电器。这些设备可以配置为与互联网络中的其他节点通信，还可以自动向中央服务器传输数据，这样就可以对数据进行分析。机器和传感器数据是来自物联网的主要例子。

这两类数据资源作为大数据的重要组成部分，正在不断产生各类应用。比如，来自物联网的数据可以用于构建分析模型，实现连续监测（如当传感器值表示有问题时进行识别）和预测（如警示技术人员在真正出问题之前检查设备）。国外出现了这类数据资源应用的不少经典案例。还有一些企业，在业务中也积累了许多数据，如房地产交易、大宗商品价格、特定群体消费信息等。从严格意义上说，这些数据资源还算不上大数据，但对商业应用而言，却是最易获得和比较容易加工处理的数据资源，也是当前在国内比较常见的应用资源。

在国内还有一类是政府部门掌握的数据资源，普遍认为质量好、价值高，但开放程度差。许多官方统计数据通过灰色渠道流通出来，经过加工成为各种数据产品。《大数据纲要》把公共数据互联开放共享作为努力方向，认为大数据技术可以实现这个目标。

对于某一个行业的大数据场景，一是要看这个应用场景是否真有数据支撑，数据资源是否可持续，来源渠道是否可控，数据安全和隐私保护方面是否有隐患；二是要看这个应用场景的数据资源质量如何，能否保障这个应用场景的实效。对于来自自身业务的数据资源，具有较好的可控性，数据质量一般也有保证，但数据覆盖范围可能有限，需要借助其他资源渠道；对于从互联网抓取的数据，技术能力是关键，既要有能力获得足够大的量，又要有能力筛选出有用的内容；对于从第三方获取的数据，需要特别关注数据交易的稳定性。数据从哪里来是分析大数据应用的起点，如果一个应用没有可靠的数据来源，再好、再高超的数据分析技术都是无本之木。许多应用并没有可靠的数据来源，或者数据来源不具备可持续性，只是借助大数据风口套取资金。

二、大数据的影响

大数据对科学研究、思维方式和社会发展都具有重要而深远的影响。在科学研究方面，大数据使得人类科学研究在经历了实验、理论、计算三种范式之后，迎来了第四种范式——数据；在思维方式方面，大数据具有"全样而非抽样、效率而非精确、相关而非因果"三大显著特征，完全颠覆了传统的思维方式；在社会发展方面，大数据决策逐渐成为一种新的决策方式，大数据应用有力促进了信息技术与各行业的深度融合，大数据开发大大推动了新技术和新应用的不断涌现；在就业市场方面，大数据的兴起使得数据科学家成为热门人才；在人才培养方面，大数据的兴起将在很大程度上改变我国高校信息技术相关专业的现有教学和科研体制。

（一）大数据对科学研究的影响

人类自古以来在科学研究上先后经历了实验、理论、计算和数据四种范式。

第一种范式：实验科学。在最初的科学研究阶段，人类采用实验来解决一些科学问题，著名的比萨斜塔实验就是一个典型实例。1590年，伽利略在比萨斜塔上做了"两个铁球同时落地"的实验，得出了重量不同的两个铁球同时下落的结论，从此推翻了亚里士多德"物体下落速度和重量成比例"的学说，纠正了这个持续了 1900 年之久的错误结论。

第二种范式：理论科学。实验科学的研究会受到当时实验条件的限制，难以完成对自然现象更精确的理解。随着科学的进步，人类开始采用各种数学、几何、物理等理论，构建问题模型和解决方案。比如，牛顿第一定律、牛顿第二定律、牛顿第三定律构成了牛顿力学的完整体系，奠定了经典力学的概念基础，它的广泛传播和运用对人们的生活和思想产生了重大影响，在很大程度上推动了人类社会的发展与进步。

第三种范式：计算科学。随着 1946 年人类历史上第一台计算机 ENIAC 的诞生，人类社会开始步入计算机时代，科学研究也进入了一个以"计算"为中心的全新时期。在实际应用中，计算科学主要用于对各个科学问题进行计算机模拟和其他形式的计算。通过设计算法并编写相应程序输入计算机运行，人类可以借助于计算机的高速运算能力去解决各种问题。计算机具有存储容量大、运算速度快、精度高、可重复执行等特点，是科学研究的利器，推动了人类社会的飞速发展。

第四种范式：数据密集型科学。随着数据的不断累积，其宝贵价值日益得到体现，物联网和云计算的出现，更是促成了事物发展从量变到质变的转变，使人类社会开启了全新的大数据时代。这时，计算机将不仅仅能做模拟仿真，还能进行分析总结，得到理论。在大数据环境下，一切将以数据为中心，从数据中发现问题、解决问题，真正体现数据的价值。

大数据将成为科学工作者的宝藏，从数据中可以挖掘未知模式和有价值的信息，服务于生产和生活，推动科技创新和社会进步。虽然第三种范式和第四种范式都是利用计算机来进行计算，但是两者还是有本质区别的。在第三种研究范式中，一般是先提出可能的理论，再搜集数据，然后通过计算来验证。而对于第四种研究范式，则是先有了大量已知的数据，然后通过计算得出之前未知的理论。

（二）大数据对思维方式的影响

大数据时代最大的转变就是思维方式的三种转变：全样而非抽样、效率而非精确、相关而非因果。

1. 全样而非抽样

过去，由于数据存储和处理能力的限制，在科学分析中，通常采用抽样的方法，即从全集数据中抽取一部分样本数据，通过对样本数据的分析来推断全集数据的总体特征。通常，样本数据规模要比全集数据小很多，因此，可以在可控的代价内实现数据分析的目的。现在，人们已经迎来大数据时代，大数据技术的核心就是海量数据的存储和处理，分布式文件系统和分布式数据库技术提供了理论上近乎无限的数据存储能力，分布式并行编程框架 MapReduce 提供了强大的海量数据并行处理能力。

因此，有了大数据技术的支持，科学分析完全可以直接针对全集数据而不是抽样数据，并且可以在短时间内迅速得到分析结果，速度之快，超乎想象。

2. 效率而非精确

过去，在科学分析中采用抽样分析方法，就必须追求分析方法的精确性，因为抽样分析只是针对部分样本的分析，其分析结果被应用到全集数据以后，误差会被放大，这就意味着，抽样分析的微小误差被放大到全集数据以后，可能会变成一个很大的误差。因此，为了保证误差被放大到全集数据时仍然处于可以接受的范围，就必须确保抽样分析结果的精确性。正是由于这个原因，传统的数据分析方法往往更加注重提高算法的精确性，其次才是提高算法效率。

现在，大数据时代采用全样分析而不是抽样分析，全样分析结果就不存在误差被放大的问题。因此，追求高精确性已经不是其首要目标，相反，大数据时代具有"秒级响应"的特征，要求在几秒内就迅速给出针对海量数据的实时分析结果，否则就会丧失数据的价值，因此，数据分析的效率成为关注的核心。

3. 相关而非因果

过去，数据分析的目的，一方面是解释事物背后的发展机理，比如，一个大型超市在某个地区的连锁店在某个时期内净利润下降很多，这就需要 IT 部门对相关销售数据进行详细分析找出发生问题的原因；另一方面是用于预测未来可能发生的事件，比如，通过实时分析微博数据，当发现人们对雾霾的讨论明显增加时，就可以建议销售部门增加口罩的进货量，因为人们关注雾霾的一个直接结果是，大家会想到购买口罩来保护自己的身体健康。不管是哪个目的，其实都反映了一种"因果关系"。但是，在大数据时代，因果关系不再那么重要，人们转而追求"相关性"而非"因果性"。比如，人们在网上购物时，在购买了一把汽车防盗锁以后，网络购物平台还会自动提示，与消费者购买相同物品的其他客户还购买了汽车坐垫，换言之，网络购物平台只会告诉消费者"购买汽车防盗锁"和"购买汽车坐垫"之间存在相关性，但是并不会阐释其他客户购买了汽车防盗锁以后还会购买汽车坐垫的理由。

（三）大数据对社会发展的影响

大数据将会对社会发展产生深远的影响，具体表现在：大数据决策成为一种新的决策方式，大数据应用促进信息技术与各行业的深度融合，大数据开发推动新技术和新应用的不断涌现。

1. 大数据决策成为一种新的决策方式

根据数据制定决策，并非大数据时代所特有。从 20 世纪 90 年代开始，数据仓库和商务智能工具就开始大量用于企业决策。发展到今天，数据仓库已经是一个集成的信息存储仓库，既具备批量和周期性的数据加载能力，也具备数据变化的实时探测、传播和加载能力，并能结合历史数据和实时数据实现查询分析和自动规则触发，从而提供对战略决策（如宏观决策和长远规划等）和战术决策（如实时营销和个性化服务等）的双重支持。但是，数据仓库以关系数据库为基础，无论是数据类型还是数据量方面都存在较大的限制。

现在，大数据决策可以面向类型繁多的、非结构化的海量数据进行决策分析，已经成为受到追捧的全新决策方式。比如，政府部门可以把大数据技术融入"舆情分析"，通过对论坛、微博、微信、社区等多种来源数据进行综合分析，弄清或测验信息中本质性的事实和趋势，揭示信息中含有的隐性情报内容，对事物发展做出情报预测，协助实现政府决策，有效应对各种突发事件。

2. 大数据应用促进信息技术与各行业深度融合

互联网、银行、保险、交通、材料、能源、服务等行业领域，不断累积的大数据将加速推进这些行业与信息技术的深度融合，开拓行业发展的新方向。比如，大数据可以帮助快递公司选择运费成本最低的最佳行车路径，协助投资者选择收益最大化的股票投资组合，辅助零售商有效定位目标客户群体，帮助互联网公司实现广告精准投放，还可以让电力公司做好配送电计划确保电网安全等。总之，大数据所触及的每个角落，社会生产和生活都会因之而发生巨大且深刻的变化。

3. 大数据推动新技术和新应用的涌现

大数据的应用需求是大数据新技术开发的源泉。在各种应用需求的强烈驱动下，各种突破性的大数据技术将被不断提出并得到广泛应用，数据的能量也将不断得到释放。在不远的将来，原来那些依靠人类自身判断力的领域应用，将逐渐被各种基于大数据的应用所取代。比如，今天的汽车保险公司，只能凭借少量的车主信息，对客户进行简单类别划分，并根据客户的汽车出险次数给予相应的保费优惠方案，客户选择哪家保险公司都没有太大差别。随着车联网的出现，"汽车大数据"将会深刻改变汽车保险业的商业模式，如果某家商业保险公司能够获取客户车辆的相关细节信息，并利用事先构建的数学模型对客户等级进行更加细致的判定，给予更加个性化的"一对一"优惠方案，那么这家保险公司将具备明显的市场竞争优势，获得更多客户的青睐。

（四）大数据对就业市场的影响

大数据的兴起使得数据科学家成为热门人才。2010年在高科技劳动力市场上还很难见到数据科学家的头衔，但此后，数据科学家将逐渐发展成为市场上最热门的职位之一，具有广阔的发展前景，并代表着未来的发展方向。

互联网企业和零售、金融类企业都在积极争夺大数据人才，数据科学家成为大数据时代最紧缺的人才。大数据中包含了大量的非结构化数据，未来将会产生大量针对非结构化数据分析的市场需求，因此，未来中国市场对掌握大数据分析专业技能的数据科学家的需求会逐年递增。

尽管有少数人认为未来有更多的数据会采用自动化处理，会逐步降低对数据科学家的需求，但是仍然有更多的人认为，随着数据科学家给企业所带来的商业价值的日益体现，市场对数据科学家的需求会越发旺盛。

（五）大数据对人才培养的影响

大数据的兴起将在很大程度上改变中国高校信息技术相关专业的现有教学和科研体制。

一方面，数据科学家是一个需要掌握统计、数学、机器学习、可视化、编程等多方面知识的复合型人才，在中国高校现有的学科和专业设置中，上述专业知识分布在数学、统计和计算机等多个学科中，任何一个学科都只能培养某个方向的专业人才，无法培养全面掌握数据科学相关知识的复合型人才。

另一方面，数据科学家需要大数据应用实战环境，在真正的大数据环境中不断学习、实践并融会贯通，将自身技术背景与所在行业业务需求进行深度融合，从数据中发现有价值的信息，但是目前大多数高校还不具备这种培养环境，不仅缺乏大规模基础数据，也缺乏对领域业务需求的理解。

鉴于上述两个原因，目前国内的数据科学家人才并不是由高校培养的，而主要是在企业实际应用环境中通过边工作边学习的方式不断成长起来的，其中，互联网领域集中了大多数的数据科学家人才。

因此，高校应该秉承"培养人才、服务社会"的理念，充分发挥科研和教学综合优势，培养一大批具备数据分析基础能力的数据科学家，有效缓解数据科学家的市场缺口，为促进经济社会发展做出更大贡献。目前，国内很多高校开始设立大数据专业或者开设大数据课程，加快推进大数据人才培养体系的建立。

高校培养数据科学家人才需要采取"引进来"和"走出去"的方式。所谓"引进来"，是指高校要加强与企业的紧密合作，从企业引进相关数据，为学生搭建接近企业应用实际的、仿真的大数据实战环境，让学生有机会理解企业业务需求和数据形式，为开展数据分析奠定基础，同时从企业引进具有丰富实战经验的高级人才，承担起数据科学及相关课程的教学任务，切实提高教学质量、水平和实用性。所谓"走出去"，是指积极鼓励和引导学生走出校园，进入互联网、金融、电信等具备大数据应用环境的企业去开展实践活动，同时努力加强产、学、研合作，创造条件让高校教师参与到企业大数据项目中，实现理论知识与实际应用的深层次融合，锻炼高校教师的大数据实战能力，为更好培养数据科学家人才奠定基础。

在课程体系的设计上，高校应该打破学科界限，设置跨院系跨学科的"组合课程"，由来自计算机、数学、统计等不同院系的教师构建联合教学师资力量，多方合作，共同培养具备大数据分析基础能力的数据科学家，使他们全面掌握包括数学、统计学、数据分析、商业分析和自然语言处理等在内的系统知识，具有独立获取知识的能力，并具有较强的实践能力和创新意识。

三、大数据平台

（一）大数据平台的能力

实现对大数据的管理需要大数据技术的支撑，但仅仅使用单一的大数据技术实现大数据的存储、查询、计算等不利于日后的维护与扩展，因此构建一个统一的大数据平台至关重要。

1. 数据采集能力

拥有数据采集能力要有数据来源，在大数据领域，数据是核心资源。数据的来源方式有很多，主要包括公共数据（如微信、微博、公共网站等公开的互联网数据）、企业应用程序的埋点数据（企业在开发自己的软件时会接入记录功能按钮及页面的点击等行为数据）以及软件系统本身用户注册及交易产生的相关用户及交易数据。对数据的分析与挖掘都需要建立在这些原始数据的基础上，而这些数据通常具有来源多、类型杂、体量大三个特点。因此大数据平台需要具备对各种来源和各种类型的海量数据的采集能力。

2. 数据存储能力

在大数据平台对数据进行采集之后，就需要考虑如何存储这些海量数据的问题了，根据业务场景和应用类型的不同会有不同的存储需求。比如针对数据仓库的场景，数据仓库的定位主要是应用于联机分析处理，因此往往会采用关系型数据模型进行存储；针对一些实时数据计算和分布式计算场景，通常会采用非关系型数据模型进行存储；还有一些海量数据会以文档数据模型的方式进行存储。因此大数据平台需要具备提供不同的存储模型以满足不同场景和需求的能力。

3. 数据处理与计算能力

在对数据进行采集并存储下来之后，就需要考虑如何使用这些数据了。需要根据业务场景对数据进行处理，不同的处理方式会有不同的计算需求。比如针对数据量非常大但是对时效性要求不高的场景，可以使用离线批处理；针对一些对时效性要求很高的场景，就需要用分布式实时计算来解决了。因此大数据平台需要具备灵活的数据处理和计算的能力。

4. 数据分析能力

在对数据进行处理后，就可以根据不同的情形对数据进行分析了。如可以应用机器学习算法对数据进行训练，然后进行一些预测和预警等；还可以运用多维分析对数据进行分析来辅助企业决策等。因此大数据平台需要具备数据分析的能力。

5. 数据可视化与应用能力

数据分析的结果仅用数据的形式进行展示会显得单调且不够直观，因此需要把数据进行可视化，以提供更加清晰直观的展示形式。对数据的一切操作最后还是要落实到实际应用中去，只有应用到现实生活中才能体现数据真正的价值。因此大数据平台需要具备数据可视化并能进行实际应用的能力。

（二）大数据平台的架构

随着数据的爆炸式增长和大数据技术的快速发展，很多国内外知名的互联网企业，如国外的 Google，Facebook，国内的阿里巴巴、腾讯等早已开始布局大数据领域，他们构建了自己的大数据平台架构。根据这些著名公司的大数据平台以及大数据平台应具有的能力可得出，大数据平台架构应具有数据源层、数据采集层、数据存储层、数据处理层、数据分析层以及数据可视化及其应用六个层次。

1. 数据源层

在大数据时代，谁掌握了数据，谁就有可能掌握未来，数据的重要性不言而喻。众多互联网企业把数据看作他们的财富，有了足够的数据，他们才能分析用户的行为，了解用户的喜好，更好地为用户服务，从而促进企业自身的发展。

数据来源一般为生产系统产生的数据，以及系统运维产生的用户行为数据、日志式的活动数据、事件信息等，如电商系统的订单记录、网站的访问日志、移动用户手机上网记录、物联网行为轨迹监控记录。

2. 数据采集层

数据采集是大数据价值挖掘最重要的一环，其后的数据处理和分析都建立在采集的基础上。大数据的数据来源复杂多样，而且数据格式多样、数据量大。因此，大数据的采集需要利用多个数据库接收来自客户端的数据，并且将这些来自前端的数据导入一个集中的大型分布式数据库或者分布式存储集群中，同时可以在导入的基础上做一些简单的清洗工作。

数据采集用到的工具有 Kafka、Sqoop、Flume、Avro 等。其中 Kafka 是一个分布式发布订阅消息系统，主要用于处理活跃的流式数据，作用类似缓存，即活跃的数据和离线处理系统之间的缓存。Sqoop 主要用于在 Hadoop 与传统的数据库间进行数据的传递，可以将一个关系型数据库中的数据导入 Hadoop 的存储系统中，也可以将 HDFS 的数据导入关系型数据库中。Flume 是一个高可用、高可靠、分布式的海量日志采集、聚合和传输的系统，它支持在日志系统中定制各类数据发送方，用于收集数据。Avro 是一种远程过程调用和数据序列化框架，使用 JSON 来定义数据类型和通信协议，使用压缩二进制格式来序列化数据，为持久化数据提供一种序列化格式。

3. 数据存储层

在大数据时代，数据类型复杂多样，其中主要以半结构化和非结构化为主，传统的关系型数据库无法满足这种存储需求。因此针对大数据结构复杂多样的特点，可以根据每种数据的存储特点选择最合适的解决方案。对非结构化数据采用分布式文件系统进行存储，对结构松散无模式的半结构化数据采用列存储、键值存储或文档存储等 NoSQL 存储，对海量的结构化数据采用分布式关系型数据库存储。

文件存储有 HDFS 和 GFS 等。HDFS 是一个分布式文件系统，是 Hadoop 体系中数据存储管理的基础，GFS 是 Google 研发的一个适用于大规模数据存储的可拓展分布式文件系统。

NoSQL 存储有列存储 HBase、文档存储 MongoDB、图存储 Neo4j、键值存储 Redis 等。HBase 是一个高可靠、高性能、面向列、可伸缩的动态模式数据库。MongoDB 是一个可扩展、高性能、模式自由的文档性数据库。Neo4j 是一个高性能的图形数据库，它使用与图相关的概念来描述数据模型，把数据保存为图中的节点以及节点之间的关系。Redis 是一个支持网络、基于内存、可选持久性的键值存储数据库。

关系型存储有 Oracle、MySQL 等传统数据库。Oracle 是甲骨文公司推出的一款关系数据库管理系统，拥有可移植性好、使用方便、功能强等优点。MySQL 是一种关系数据库管理系统，具有速度快、灵活性高等优点。

4. 数据处理层

计算模式的出现有力地推动了大数据技术和应用的发展，然而，现实世界中的大数据处理问题的模式复杂多样，难以有一种单一的计算模式能涵盖所有不同的大数据处理需求。因此，针对不同的场景需求和大数据处理的多样性，产生了适合大数据批处理的并行计算框架 MapReduce，交互式计算框架 Tez，迭代式计算框架 GraphX、Hama，实时计算框架 Druid，流式计算框架 Storm、SparkStreaming 等以及为这些框架可实施的编程环境和不同种类计算的运行环境（大数据作业调度管理器 ZooKeeper，集群资源管理器 YARN 和 Mesos）。

Spark 是一个基于内存计算的开源集群计算系统，它的用处在于让数据处理更加快速。MapReduce 是一个分布式并行计算软件框架，用于大规模数据集的并行运算。Tez 是一个基于 YARN 之上的 DAG 计算框架，它可以将多个有依赖的作业转换为一个作业，从而大幅提升 DAG 作业的性能。GraphX 是一个同时采用图并行计算和数据并行计算的计算框架，它在 Spark 之上提供一站式数据解决方案，可方便高效地完成一整套流水作业。Hama 是一个基于 BSP 模型（整体同步并行计算模型）的分布式计算引擎。Druid 是一个用于大数据查询和分析的实时大数据分析引擎，主要用于快速处理大规模的数据，并能够实现实时查询和分析。Storm 是一个分布式、高容错的开源流式计算系统，它简化了面向庞大规模数据流的处理机制。SparkStreaming 是建立在 Spark 上的应用框架，可以实现高吞吐量、具备容错机制的实时流数据的处理。YARN 是一个 Hadoop 资源管理器，可为上层应用提供统一的资源管理和调度。Mesos 是一个开源的集群管理器，负责集群资源的分配，可对多集群中的资源做弹性管理。ZooKeeper 是一个以简化的 Paxos 协议作为理论基础实现的分布式协调服务系统，它为分布式应用提供高效且可靠的分布式协调一致性服务。

5. 数据分析层

数据分析是指通过分析手段、方法和技巧对准备好的数据进行探索、分析，从中发现因果关系、内部联系和业务规律，从而提供决策参考。在大数据时代，人们迫切希望在由普通机器组成的大规模集群上实现高性能的数据分析系统，为实际业务提供服务和指导，进而实现数据的最终变现。

常用的数据分析工具有 Hive、Pig、Impala、Kylin，类库有 MLlib 和 SparkR 等。Hive 是一个数据仓库基础构架，主要用来进行数据的提取、转化和加载。Pig 是一个大规模数据分析工具，它能把数据分析请求转换为一系列经过优化处理的 MapReduce 运算。Impala 是 Cloudera 公司主导开发的 MPP 系统，允许用户使用标准 SQL 处理存储在 Hadoop 中的数据。Kylin 是一个开源的分布式分析引擎，提供 SQL 查询接口及多维分析能力以支持超大规模数据的分析处理。MLlib 是 Spark 计算框架中常用机器学习算法的实现库。SparkR 是一个 R 语言包，它提供了轻量级的方式，使得我们可以在 R 语言中使用 ApacheSpark。

6. 数据可视化及其应用

数据可视化技术可以提供更为清晰直观的数据表现形式，将数据和数据之间错综复杂的关系，通过图片、映射关系或表格，以简单、友好、易用的图形化、智能化的形式呈现给用户，供其分析使用。可视化是人们理解复杂现象、诠释复杂数据的重要手段和途径，可通过数据访问接口或商业智能门户实现，以直观的方式表达出来。可视化与可视化分析通过交互可视界面来进行分析、推理和决策，可从海量、动态、不确定，甚至相互冲突的数据中整合信息，获取对复杂情景的更深层的理解，供人们检验已有预测，探索未知信息，同时提供快速、可检验、易理解的评估和更有效的交流手段。

大数据应用目前朝着两个方向发展：一是以盈利为目标的商业大数据应用；二是不以营利为目的，侧重于为社会公众提供服务的大数据应用。商业大数据应用主要以 Face-book、Google、淘宝、百度等公司为代表，这些公司以自身拥有的海量用户信息、行为、位置等数据为基础，提供个性化广告推荐、精准化营销、经营分析报告等；公共服务的大数据应用如搜索引擎公司提供的诸如流感趋势预测、春运客流分析、紧急情况响应、城市规划、路政建设、运营模式等得到广泛应用。

第四节 大数据与人工智能的关系

大数据和人工智能代表了 IT 领域最新的技术发展趋势，两者相辅相成，互促发展，既有区别又有联系。

一、大数据和人工智能的区别

大数据和人工智能一个主要的区别是大数据需要在数据变得有用之前进行清理、结构化和集成的原始输入，而人工智能则是输出，即处理数据产生的智能。

（一）目标和手段不同

大数据是一种传统计算。它不会根据结果采取行动，而只是寻找结果。它定义了非常大的数据集，但也可以是极其多样的数据。在大数据集中，可以存在结构化数据，如关系数据库中的事务数据，以及结构化或非结构化数据，如图像、电子邮件数据、传感器数据等。

人工智能是一种计算形式，它允许机器执行认知功能，如对输入起作用或做出反应，类似于人类的做法。人工智能系统不断改变它们的行为，以适应调查结果的变化并修改它们的反应。支持人工智能的机器旨在分析和解释数据，然后根据这些解释解决问题。通过机器学习，计算机会学习一次如何对某个结果采取行动或做出反应，并在未来知道采取相同的行动。

（二）使用和体验不同

大数据主要是为了获得洞察力，例如，Netflix 网站可以根据人们观看的内容了解电影或电视节目，并向观众推荐那些内容。因为它考虑了客户的习惯以及他们喜欢的内容，推断出客户可能会有同样的感觉。

人工智能是关于决策和学习做出更好的决定。无论是自我调整软件、自动驾驶汽车还是检查医学样本，人工智能都会在人类之前完成相同的任务，但速度更快，错误更少。

二、大数据和人工智能的联系

虽然大数据和人工智能有区别，但大数据和人工智能仍然能够很好地协同工作。

（一）人工智能以大数据为基础

机器学习图像识别应用程序可以查看数以万计的飞机图像，以了解飞机的构成，以便将来能够识别出它们。人工智能实现最大的飞跃是大规模并行处理器的出现，特别是GPU，它是具有数千个内核的大规模并行处理单元，而不是 CPU 中的几十个并行处理单元。这大大加快了现有的人工智能算法的速度，现在已经使它们可行。

（二）大数据提升人工智能能力

大数据可以采用这些处理器，机器学习算法可以学习如何重现某种行为，包括收集数据以加速机器。人工智能不会像人类那样推断出结论，它通过试验和错误学习，这需要大量的数据来教授和培训人工智能。

人工智能应用的数据越多，其获得的结果就越准确。在过去，人工智能由于处理器速度慢、数据量小而不能很好地工作，也没有当今这样先进的传感器，并且当时互联网还没有广泛使用，所以很难提供实时数据。

如今，人们拥有所需要的一切：快速的处理器、输入设备、网络和大量的数据集。毫无疑问，没有大数据就没有人工智能。

思考与练习

1. 云计算的基本特征和形态是什么？

2. 大数据对社会发展产生了哪些影响？

3. 大数据和人工智能之间存在什么关系？

第三章 数据的获取与预处理

第一节 数据的获取

要研究数据科学，最重要的前提是要有数据。这里需要先区分两个概念：数据的类型和数据的语义。

数据的语义，是指该数据项在现实世界中的意义，比如，该数据项表示的是某公司的名称，或者某天，或者某个人的高度，等等。

而数据的类型，则表征的是在该类数据上可执行的操作类型。

一、数据的类型

数据分为以下四种类型：

第一，分类型数据：对于这种类型的数据，只关注它们之间是否存在相等或者不等的情况，因此，对于这种类型的数据，能运行的数学操作为求解=或≠。

第二，排序型数据：对于这种类型的数据，它们存在着排序关系，因而，可以运行的数据操作为=、≠、>、<。

第三，区间型数据：这种类型的数据，属于定量型数据，它们可以被看作一个个几何点，因此直接比较它们是没有任何意义的，只有比较它们两两之间的差别才有意义。对于它们来说，可以运行的数据操作为=、≠、>、<、+、−。

第四，比值型数据：这种类型的数据主要是测量产生的结果，也属于定量型数据。对于它们来说，原点是固定的，可以把它们看作一个个几何向量，因此，可运行的数据操作为=、≠、>、<、+、−、*、÷。

区间型数据和比值型数据，通常可以统称为定量型数据。

二、数据获取技术——网络爬虫

网络爬虫（又被称为网页蜘蛛、网络机器人），是一种按照一定的规则，自动地抓取互联网信息的程序或脚本。另外一些不常使用的名字还有蚂蚁、自动索引、模拟程序或蠕虫。

随着网络的迅速发展，互联网成为大量信息的载体，如何有效地提取并利用这些信息成为一个巨大的挑战。而网络爬虫技术正是一种可以帮助人们快速高效地从互联网上获取数据的手段。

（一）爬取网页

1. 爬取网页的步骤

互联网上的网络爬虫各式各样，但爬虫爬取网页的基本步骤大致相同，具体如下：

（1）人工给定一个 URL 作为入口，从这里开始爬取。互联网的可视图呈蝴蝶形，网络爬虫一般从蝴蝶形左边的结构出发。门户网站中包含大量有价值的链接。

（2）用运行队列和完成队列来保存不同状态的链接。对于大型数据而言，内存中的队列是不够的，通常采用数据库模拟队列。用这种方法既可以进行海量的数据抓取，还可以实现断点续抓功能。

（3）线程从运行队列读取队首 URL，如果存在，则继续执行，反之则停止爬取。

（4）每处理完一个 URL，将其放入完成队列，防止重复访问。

（5）每次抓取网页之后分析其中的 URL（URL 采用字符串形式，功能类似指针），将经过过滤的合法链接写入运行队列，等待提取。

（6）重复步骤（3）、（4）、（5）。

2. 互联网页面类型

从网络爬虫的角度来看，可以将互联网的所有页面分为以下五个部分：

（1）已下载未过期网页。

（2）已下载已过期网页：抓取到的网页实际上是互联网内容的一个镜像与备份，互联网是动态变化的，一部分互联网上的内容已经发生了变化，这时，这部分抓取到的网页就已经过期了。

（3）待下载网页：就是待抓取 URL 队列中的页面。

（4）可知网页：还没有抓取下来，也没有在待抓取 URL 队列中，但是可以通过对已抓取页面或待抓取 URL 对应页面进行分析获取到的 URL。

（5）不可知网页：爬虫无法直接抓取下载的网页。

（二）抓取策略

在爬虫系统中，待抓取 URL 队列是很重要的一部分。待抓取 URL 队列中的 URL 以什么样的顺序排列也是一个很重要的问题，因为这涉及先抓取哪个页面，后抓取哪个页面。互联网广阔无边，为了最大限度利用有限的资源，需要进行资源配置，并运用某些策略使爬虫优先爬取重要性较高的网页。决定这些 URL 排列顺序的方法，就叫作抓取策略。下面以图 3-1[①] 为例来重点介绍常见的抓取策略。

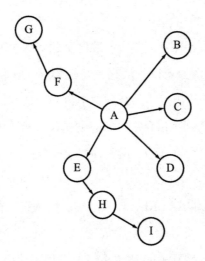

图 3-1　网页拓扑结构示例

1. 深度优先遍历策略

深度优先遍历策略从起始网页开始，选择一个 URL 进入，分析这个网页中的 URL，选择一个再进入。如此一个链接一个链接地抓取下去，直到处理完一条路线之后再处理下一条路线。深度优先策略设计较为简单。然而门户网站提供的链接往往最具价值，Page-Rank[②] 也很高，但每深入一层，网页价值和 PageRank 都会相应地有所下降。这暗示了重要网页通常距离种子较近，而过度深入抓取到的网页却价值很低。同时，这种策略的抓取深度直接影响着抓取命中率以及抓取效率，抓取深度是该种策略的关键。而且深度优先在很多情况下会导致爬虫的陷入问题产生，因此，此种策略很少被使用。

如果按照深度优先遍历策略来抓取图 4-1 所示的网页结构，则遍历的路径为：A—F—G、E—H—I、B、C、D。

---

① 杨旭，汤海京，丁刚毅. 数据科学导论［M］. 北京：北京理工大学出版社，2017：131.
② PageRank，网页排名，又称网页级别、Google 左侧排名或佩奇排名，是一种根据网页之间相互的超链接计算的技术，而作为网页排名的要素之一，以 Google 公司创办人拉里·佩奇（Larry Page）之姓来命名。

2. 宽度优先遍历策略

宽度优先遍历策略也称广度优先搜索策略，是指在抓取过程中，在完成当前层次的搜索后，才进行下一层次的搜索。该算法的设计和实现相对简单。在目前为了覆盖尽可能多的网页，一般使用宽度优先搜索方法。宽度优先遍历策略的基本思路是，将新下载网页中发现的链接直接插入待抓取 URL 队列的末尾。也就是说网络爬虫会先抓取起始网页中链接的所有网页，然后再选择其中的一个链接网页，继续抓取在此网页中链接的所有网页。

如果按照宽度优先遍历策略来抓取图 4-1 中所示的网页结构，则遍历路径为：A—B—C—D—E—F、H、G、I。

3. 反向链接数策略

反向链接数是指一个网页被其他网页链接指向的数量。反向链接数表示的是一个网页的内容受到其他人的推荐程度。因此，很多时候搜索引擎的抓取系统会使用这个指标来评价网页的重要程度，从而决定不同网页抓取的先后顺序。

在真实的网络环境中，由于广告链接、作弊链接的存在，反向链接数不能完全等同于网页的重要程度。因此，搜索引擎往往考虑一些可靠的反向链接数。

4. Partial PageRank 策略

Partial PageRank 算法借鉴了 PageRank 算法的思想，对于已经下载的网页，连同待抓取 URL 队列中的 URL，形成网页集合，计算每个页面的 PageRank 值，计算完之后，将待抓取 URL 队列中的 URL 按照 PageRank 值的大小排列，并按照该顺序抓取页面。

如果每次抓取一个页面，就重新计算 PageRank 值，运算量会比较大。一种折中的方案是：每抓取 K 个页面后，重新计算一次 PageRank 值。但是这种情况还会有一个问题，对于在已经下载的页面中分析出的链接，也就是之前提到的未知网页那一部分，暂时是没有 PageRank 值的。为了解决这个问题，会给这些页面一个临时的 PageRank 值，将这个网页所有入链传递进来的 PageRank 值进行汇总，这样就形成了该未知页面的 PageRank 值，从而参与排序。

5. 大站优先策略

对于待抓取 URL 队列中的所有网页，根据所属的网站进行分类。对于待下载页面数多的网站，优先下载。这个策略也因此叫作大站优先策略。

（三）更新策略

互联网是实时变化的，具有很强的动态性。网页更新策略主要用来决定何时更新之前已经下载过的页面。常见的更新策略有以下三种：

第一，历史参考策略。顾名思义，根据页面以往的历史更新数据，预测该页面未来何时会发生变化。一般来说，是通过泊松过程①进行建模预测。

第二，用户体验策略。尽管搜索引擎针对某个查询条件能够返回数量巨大的结果，但是用户往往只关注前几页结果。因此，抓取系统可以优先更新那些显示在查询结果前几页中的网页，而后再更新那些后面的网页。这种更新策略也需要用到历史信息。用户体验策略保留网页的多个历史版本，并且根据过去每次内容变化对搜索质量的影响，得出一个平均值，用这个值作为决定何时重新抓取的依据。

第三，聚类抽样策略。前面提到的两种更新策略都有一个前提：需要网页的历史信息。这样就存在两个问题：①如果为每个系统保存多个版本的历史信息，无疑增加了很大的系统负担；②如果新的网页完全没有历史信息，就无法确定更新策略。这种策略认为，网页具有很多属性，对于类似属性的网页，可以认为其更新频率也是类似的。要计算某一个类别网页的更新频率，只需要对这一类网页抽样，以它们的更新周期作为整个类别的更新周期。

（四）分布式抓取系统

一般来说，抓取系统需要面对的是整个互联网上数以亿计的网页。单个抓取程序不可能完成这样的任务，往往需要多个抓取程序一起来处理。一般来说，抓取系统往往是一个分布式的三层结构。

最底层是分布在不同地理位置的数据中心，在每个数据中心里有若干台抓取服务器，而每台抓取服务器上可能部署了若干套爬虫程序。这就构成了一个基本的分布式抓取系统。

对于一个数据中心内的不同抓取服务器，协同工作主要有以下方式：

1. 主从式

对于主从式而言，有一台专门的 Master 服务器来维护待抓取 URL 队列，它负责每次将 URL 分发到不同的 Slave 服务器，而 Slave 服务器则负责实际的网页下载工作。Master 服务器除了维护待抓取 URL 队列以及分发 URL 之外，还要负责调解各个 Slave 服务器的负载情况，以免某些 Slave 服务器过于清闲或劳累。在这种模式下，Master 往往容易成为系统的瓶颈。

---

① 一种累计随机事件发生次数的最基本的独立增量过程。例如：随着时间增长累计某电话交换台收到的呼唤次数，就构成一个泊松过程。

2. 对等式

在对等式模式下，所有的抓取服务器在分工上没有不同。每一台抓取服务器都可以从待抓取 URL 队列中获取 URL，然后获取该 URL 的主域名的哈希值 H，然后计算 $H \bmod m$，计算得到的数就是处理该 URL 的主机编号。这种模式有一个问题，当有一台服务器死机或者添加新的服务器时，所有 URL 的哈希值都要变化。换言之，这种方式的扩展性不佳。针对这种情况，又有一种改进方案被提出来。这种改进的方案是指用一致性哈希法来确定服务器分工。

运用一致性哈希法可以将 URL 的主域名进行哈希运算，映射为 $0 \sim 232$ 的某个数。而将这个范围平均地分配给 m 台服务器，根据 URL 主域名哈希运算的值所处的范围判断由哪台服务器来进行抓取。

如果某一台服务器出现问题，那么本该由该服务器负责的网页则按照顺时针顺延，由下一台服务器进行抓取。这样的话，即使某台服务器出现问题，也不会影响其他工作。

(五) 开源网络爬虫

1. Heritrix

Heritrix 是一个爬虫框架，可以加入一些可互换的组件。Heritrix 是用来获取完整精确的网站内容的爬虫，除文本内容之外，它还获取其他非文本内容（如图片等），并对其进行处理，且不对网页内容进行修改。当重复爬取相同 URL 时，不会对先前网页进行替换。Heritrix 主要有四步：①在预定的 URL 中选择一个并获取；②分析，并将结果归档；③选择已经发现的感兴趣的 URL，加入运行队列；④标记已经处理过的 URL。

Heritrix 利用宽度优先策略来进行网页获取，其主要部件都具有高效性和可扩展性。然而 Heritrix 也有一定的局限性，例如：①只支持单线程爬虫，多爬虫之间不能合作；②操作复杂，对有限的资源来说是一个问题；③当硬件使系统失败时，其恢复能力较差等。

2. Nutch

Nutch 深度遍历网站资源，将这些资源抓取到本地，使用的方法都是分析网站每一个有效的 URL 并向服务器端提交请求来获得相应结果，生成本地文件及相应的日志信息等。

Nutch 与 Heritrix 有几点差异，主要包括：①Nutch 只获取并保存可索引的内容；②Nutch 可以修剪内容，或者对内容格式进行转换；③Nutch 保存内容的格式为数据库优化格式，便于以后索引，且对于重复的 URL，要以新内容刷新替换旧的内容；④Nutch 从命令行运行、控制；⑤Nutch 的定制能力不够强（不过现在已经有了一定改进）。

3. Larbin

Larbin 不同于以上两种网络爬虫，它只抓取网页，而不提供分析网页、将结果存储到数据库以及建立索引等服务。

Larbin 的目的是对页面上的 URL 进行扩展性的抓取，为搜索引擎提供广泛的数据来源。虽然工作能力较为单一，但 Larbin 胜在其高度可配置性和良好的工作效率（一个简单的 Larbin 的爬虫可以每天获取 500 万的网页），这也是 Larbin 最初的设计理念。

4. Lucene

Lucene 是一个基于 Java 的全文信息检索工具包，它本身不是一个完整的全文索引应用程序，而是用来为各种应用程序提供索引和搜索功能。只要把要索引的数据转化成文本格式，Lucene 就能对该文档进行索引和搜索。

Lucene 采用的是一种称为反向索引的方法。因此，在用户输入查询条件的时候，Lucene 能非常快地得到搜索结果。

对文档建立好索引后，搜索引擎首先会对关键词进行解析，然后在建立好的索引上进行查找并返回和用户输入的关键词相关联的文档。

第二节 数据清洗与数据集成

一、数据清洗

数据清洗的主要任务就是对原始数据进行处理，将"脏"数据转化为"干净的"数据。其主要任务如下：

第一，填补空缺值。

第二，平滑噪声数据。

第三，纠正不一致数据。

第四，消除冗余数据。

以下详细介绍填补空缺值和平滑噪声数据。

（一）填补空缺值

原始数据并不总是完整的，在很多情况下，会出现数据库中很多条记录的对应字段为空的情况。引起空缺值的原因很多，例如：①设备异常；②与其他已有数据不一致而被删除；③因为误解而没有被输入的数据；④在输入时，有些数据因为得不到重视而没有被输入；⑤对数据的改变没有进行日志记载。

填补空缺值，一般有以下方法：

第一，直接忽略存在属性缺失的元组：这种方法一般是在缺少类标号时使用（主要是针对分类或描述）。但是，这种方法的有效性不好，尤其是当属性缺少值的比例很大时。

第二，人工方式来填写空缺值：这种方法会耗费大量人力和时间，因而不适用于大数据集。

第三，自动填充空缺值：一般可以使用全局变量、属性的平均值、与给定元组属于同一类的所有样本的平均值，或者由回归、判定树、基于推导的贝叶斯形式化方法等确定的其他可能值来自动填充。

自动填充的方法会使数据分布产生倾斜，导致数据分布过度集中于数据空间的某端，造成"头重脚轻"或者"比萨斜塔"等不均匀的分布特点。数据分布倾斜性将造成运算效率上的"瓶颈"和数据分析结果的"以偏概全"。而且，不管采用何种方式来推断空缺值，填入的值都可能是不正确的。因为，我们毕竟不知道空缺处真实的值是多少，而是使用现有数据的信息来推测的。

（二）平滑噪声数据

噪声数据，是指原始数据中所存在的随机错误或偏差。引起噪声数据的原因有很多，比如：①数据收集工具的问题；②数据输入错误；③数据传输错误；④技术限制；⑤命名规则的不一致。

1. 分箱法处理噪声数据

分箱法是指把待处理的数据按照一定的规则放进一些箱子中，考察每一个箱子中的数据，再采用某种方法来分别对各个箱子中的数据进行处理的办法。所谓的箱子就是指按照属性值划分的某个子区间。如果一个属性值处于某个子区间范围内，就称把该属性值放进这个子区间代表的"箱子"里。在实施分箱之前，必须首先对记录集按目标属性值的大小进行排序。分箱的方法一般有以下三种：

（1）等深分箱法：又称等频率分箱法。即按照对象的个数来划分。具体来说，就是将对象范围划分为每块包含大致相同数量样本的 N 块。每箱具有相同的记录数，而每箱记录数就称为箱的权重，也叫作箱子的深度。这种分箱方法便于数据缩放，缺点则是绝对属性管理比较困难（即通常无法等分）。

（2）等宽分箱法：又称等距离分箱法。即按照对象的值来划分。具体来说，就是将对象范围划分为等间隔的 N 块。如果 A 和 B 是最低和最高的属性值，那么间隔宽度 W 的计算方式是：$W=(B-A)/N$。

通常说来，等宽分箱法是最简单的划分方法，但在使用它时可能会出现不少例外情形，而且它不能很好地处理歪斜数据。划分之后的数据集在整个属性值的区间上呈平均分布，每个箱子的区间范围是一个常量。

（3）用户自定义区间法：即根据用户需要自定义区间来划分的一种方式。

2. 其他平滑噪声数据的方法

除分箱法外，还可以用聚类法和回归法来平滑噪声数据。

聚类法将相似的值组织成群或类，那么落在群或类外的值就是孤立点，也就是噪声数据。

回归法可以发现两个相关变量之间的变化模式，通过使数据适合一个函数来平滑数据，即利用拟合函数对数据进行平滑。最常用的回归方法包括线性回归、非线性回归等。

二、数据集成

数据集成就是将多个数据源中的数据结合起来存放在一个一致的数据存储中。在数据集成的过程中，通常需要考虑多信息源的匹配、数据冗余、数据值冲突等问题。

（一）多信息源的匹配

在将不同源头的数据集成到一起的过程中，需要完成各信息源的匹配，即从多信息源中识别现实世界的实体，并进行匹配。这是一个非常复杂的问题，要确定一个数据库中的 id 和另一个数据库中的 customer_ id 所指的实体是否为同一个实体，有的时候需要借助元数据（即数据的数据）的帮助，从而避免在数据集成中发生错误。

（二）冗余数据的处理

冗余数据是指重复存在的数据。冗余数据的存在使挖掘程序需要对相同的信息进行重复处理，从而增加了数据挖掘的复杂性，导致了挖掘效率的降低。主要的数据冗余问题包括：①属性冗余：一个属性可能由一个或多个其他属性导出；②属性或维命名的不一致，导致数据集中的冗余。

第三节　数据变换与数据归约

一、数据变换

（一）数据变换内容

所谓数据变换，就是通过变换将数据转换成适合进行处理和分析的形式。数据变换可能涉及如下内容：

第一，平滑：去除数据中的噪声（运用分箱、聚类、回归等方法）。

第二，聚集：对数据进行汇总和聚集，常采用数据立方体结构，如运用 abg（）、count（）、sum（）、min（）、max（）等对数据进行操作。

第三，数据概化：使用概念分层，用更高层次的概念来取代低层次"原始"数据。主要原因是在数据处理和分析过程中可能不需要那么细化的概念，它们的存在反而会使数据处理和分析过程花费更多时间，增加了复杂度。

第四，规范化：将数据按比例缩放，使之落入一个小的特定区间。

第五，属性构造：由给定的属性、构造添加新的属性，帮助提高数据处理和分析的精度，以及对高维数据结构的理解。比如根据属性 height 和 width 可以构造 area 属性。通过属性构造，可以发现关于数据属性间联系的丢失信息，这对知识的发现是有用的。

（二）数据规范化

数据规范化是指将数据按比例进行缩放，使之落入一个小的特定区域，以加快训练速度，消除数值型属性因大小不一而造成数据处理和分析结果的偏差。

第一，最小—最大规范化。最小—最大规范化一般适用于已知属性的取值范围，要对原始数据进行线性变换，将原取值区间［min，max］映射到［new_ min，new_ max］上。

第二，零—均值规范化，这种方法对属性的值基于其平均值和标准差进行规范。当属性的最大和最小值未知，或孤立点左右了最大—最小规范化时，该方法有用。

第三，小数定标规范化，该方法通过移动属性值小数点的位置进行规范化。小数点的移动位数依赖于属性值的最大绝对值。

数据规范化对原来的数据改变很多，尤其是零—均值规范化和小数定标规范化。一定注意，要保留规范化参数，以便将来的数据可以用一致的方式规范化。

二、数据归约

之所以要进行数据归约，是因为被分析的对象数据集往往非常大，分析与挖掘会特别耗时，甚至不能进行。而通过数据归约处理，可以减少对象数据集的大小。数据归约技术能够从原有的庞大数据集中获得一个精简的数据集合，并使这一精简的数据集保持原有数据集的完整性，以提高数据挖掘的效率。

因此，对数据归约技术的要求包括：①所得归约数据集要小；②归约后的数据集仍接近于保持原数据的完整性；③在归约数据集上所得分析结果应与原始数据集相同或基本相同；④归约处理时间少于挖掘所节约的时间。

数据归约，一般有以下策略：

第一，数据立方体聚集：结果数据量小，不丢失分析任务所需信息。

第二，维归约：检测并删除不相关、弱相关或冗余的属性。

第三，样本归约：从数据集中选出一个有代表性的样本的子集。子集大小的确定要考虑计算成本、存储要求、估计量的精度以及其他一些与算法和数据特性有关的因素。

第四，特征值归约：即特征值离散化技术，它将连续型特征的值离散化，使之成为少量的区间，每个区间映射到一个离散符号。这种技术的好处在于简化数据描述，并易于理解数据和最终的挖掘结果。

思考与练习

1. 互联网上数据获取的技术手段是什么？

2. 数据清洗的主要任务有哪些？

3. 数据规范化有哪些方式？

第四章 数据的存储与处理

第一节 数据的存储

一、大数据对数据存储的影响

大数据时代的来临，给数据存储带来了新的挑战。

（一）容量

海量数据存储系统一定要具有相应等级的扩展能力，而且扩展的方式一定要简便，如通过增加模块或磁盘柜来增加容量，最好不需要停机。

（二）延迟

大数据应用往往存在实时性的问题，特别是涉及网上交易或者金融类相关的应用，同时，高性能计算和服务器虚拟化也要求实现高速吞吐。

（三）安全

金融数据、医疗信息以及政府情报等特殊行业都有自己的安全标准和保密性需求。大数据分析往往需要多类数据相互参考，而在过去并不会有这种数据混合访问的情况，因此大数据应用催生出一些新的、需要考虑的安全性问题。

（四）成本

成本控制是使用大数据环境的企业要考虑的一个核心问题。要让每一台设备都实现更高的"效率"，同时还要减少昂贵的部件，提升存储的效率。

（五）灵活性

大数据存储系统的基础设施规模通常都很大。但应用确实千变万化，对于存储能力，要求其能够随着应用分析软件一起扩展，即具备适应各种不同的应用类型和数据场景的能力。

（六）应用感知

目前，已有一些针对应用定制的基础存储设施。在主流存储系统领域，应用感知技术的使用也越来越普遍，它也是改善系统效率和性能的重要手段，也将会应用在大数据存储领域。

二、云存储方式

"随着云计算的发展，IT 系统的架构从封闭向开放演进，传统的存储设备逐渐被云存储替代，为系统的灵活性和扩展性提供了便利。"[①] 云存储即参考云状的网络结构，创建一个新型的云状结构的存储系统，这个存储系统由多个存储设备组成，通过集群功能、分布式文件系统或类似网格计算等功能联合起来协同工作，并通过一定的应用软件或应用接口，为用户提供一定类型的存储服务和访问服务。

云存储是在大数据时代应对存储新需求而发展起来的一种新的模式。在大数据时代，对数据库存在高并发读写的需求，要实现对海量数据的高效率存储和访问，不仅要支持对数据库的高可扩展性和高可用性的需求，还要满足非结构化数据的处理能力的需求。

严格说来，云存储其实不是一种存储媒介，而是一种服务。云存储对使用者来讲，不是指某一个具体的设备，而是指一个由许许多多存储设备和服务器所构成的集合体。使用者使用云存储，并不是使用某一个存储设备，而是使用整个云存储系统带来的一种数据访问服务。云存储的核心是应用软件与存储设备相结合，通过应用软件来实现存储设备向存储服务的转变。

云存储与传统存储有着很多不同。首先，在功能需求方面，云存储系统面向多种类型的网络在线存储服务，而传统存储系统则面向高性能计算、事务处理等应用；其次，在性能需求方面，云存储要面对数据的安全性、可靠性、高效率等新的技术挑战；最后，在数据管理方面，云存储系统不仅要提供传统文件访问，还要能够支持海量数据管理并提供公共服务支撑功能，以方便云存储系统后台数据的维护。

---

① 肖飞. 云存储及应用特点探讨 [J]. 互联网天地，2019（4）：57.

第二节　数据处理工具

一、Python

"在如今'互联网+'的新时代背景下，大数据技术、人工智能技术、应用程序技术等现代科技与现代社会的融合日渐紧密。正因为如此，Python 以低成本、低难度、开放化、简洁化等诸多特点，从编程语言领域中脱颖而出，长期占据各大编程语言排行榜的领先地位，受到使用者的青睐和好评。"[①] Python 是一种面向对象的解释型高级编程语言，其结构简单、语法和代码定义清晰明确、易于学习和维护、可移植性和可扩展性均非常强。Python 提供了非常完善的基础代码库（内置库），覆盖了数据结构、语句、函数、类、网络、文件、GUI、数据库、文本处理等大量内容。用 Python 进行数据分析和功能开发，许多功能可由现成的包（packages）或模块（modules）直接实现，极大地提升了效率。

除了内置库外，Python 还有大量的第三方库，如 numpy、scipy、matplotlib、pandas、statsmodels、sklearn 等主要用于数据分析的库，提供了向量、矩阵和数据表的操作，可视化，统计计算，统计推断，统计分析与建模，数据挖掘和机器学习，深度学习等几乎全部数据分析的功能。

（一）标识符

标识符即 Python 对象的名字，由字母、数字、下划线组成，不能以数字开头。标识符是区分大小写的，如 someid 和 SomeID 是两个不同的标识符。

以下划线开头的标识符是有特殊意义的：

以单下划线开头（如：_foo）：代表不能随意访问的类属性。提醒用户该成员可看作是私有属性，如果真的访问了也不会出错，但不符合规范。

以双下划线开头（如：__foo）：代表类的私有成员。私有成员只能在类的内部进行调用，无法在类的外部直接访问。

以双下划线开头和结尾（如：__foo__）：代表 Python 里特殊方法专用的标识，如

---

① 郭婺，郭建，张劲松，等. 基于 Python 的网络爬虫的设计与实现 [J]. 信息记录材料，2023，24（4）：159.

＿＿ init＿＿（ ）代表类的构造函数，＿＿ version＿＿ 表示所调用包的版本信息。

Python 系统中还有保留字符，也称为关键字。保留字符是不能用作任何其他标识符名称的。

（二）行与缩进

每一行代码就是 Python 的一个语句，Python 不需要使用诸如"；"之类的符号来断行。但如需把不同的语句放在同一行中，可以使用"；"来断行。

Python 的代码块不使用诸如"｛｝"之类的符号来识别和控制循环、条件、函数、类等，其最具特色的就是用缩进来标识代码块或模块。

缩进的空格数量是可变的，可以使用空格、制表等来进行缩进，但同一个代码块的语句必须包含相同的缩进。

（三）变量与对象

Python 中的任何数值、字符串、数据结构、函数、类、模块等都是对象。每个对象都有标识符、类型和值。几乎所有对象都有方法和属性，都可通过"对象名．方法（参数 1，参数 2，…，参数 n）"或者"对象名．属性"的方式访问该对象的内部数据。

变量是统计学中的一个基本概念，也是进行数据分析的基础。Python 中的变量也是对象，在被引用时应当事先声明。

对象之间的赋值并不是复制。复制是指复制对象与原始对象不是同一个对象，原始对象发生何种变化都不会影响复制对象的变化。对象之间进行复制，可以调用 copy 包来实现，但是应当区分浅复制和深复制，尤其是在对象中含有子对象（或元素的子元素）的情况下，如果使用的时候不注意二者区别，就可能产生意外的结果。

浅复制是指复制了对象，对象的元素被复制，但对于对象中的子元素依然是引用。深复制是指完全地复制一个对象的所有元素及其子元素。

（四）语法糖

Python 语法虽然简单，同时也符合大多数主流高级编程语言的一般语法，但有些情况，对编程人员而言，还需要使用更加直观的方式来将自己的编程思维展示出来，使得所编写的程序具有更好的风格，易读性更强。由此，语法糖的出现，给编程人员提供了一种更加实用的编写代码的方式。但是这种方式只是一种编程技巧，并没有给计算机语言添加新功能，而只是对人们来说更容易理解的语法。

Python 中语法糖的用法非常多，如 with 语法糖、else 语法糖、函数的动态参数/不定参数、匿名函数、推导式、yield 语法糖、装饰器等。

二、函数

函数是 Python 中最重要也是最主要的代码组织和重复使用的手段之一。Python 本身内置了很多有用的函数，可以直接调用，用户也可以非常灵活地自定义函数。要调用一个函数（无论是内置函数还是自定义函数），只需要知道函数的名称和参数。

（一）函数的参数

在默认情况下，实参和形参是按函数声明中定义的顺序匹配的。调用函数时可使用的正式参数主要有必备参数、命名参数、缺省参数、不定参数等。

1. 必备参数

必备参数是指以正确的顺序把参数传递给函数，调用时的数量必须和声明时的一样。如自定义的 snn 函数中，n 是必备参数，在调用该函数时必须要对其传递值。

2. 命名参数

命名参数是指用参数的命名确定传递的参数值。可以跳过不传的参数或者乱序传参，Python 能够用参数名匹配参数值。

3. 缺省参数

调用函数时，缺省参数的值如果没有传递，则被认为是默认值。如 snn 函数一共有 2 个参数，其 beg 就是缺省参数（用"="定义其缺省值），在调用 snn（100）时只传递了 1 个参数值，其缺省参数值为 1。但是要注意，在定义函数时，缺省参数必须放在非缺省参数的后面。

4. 不定参数

如需一个函数能处理比声明时更多的参数，这些参数叫作不定参数。和上述参数不同，声明时不会命名。

不定参数的函数与普通函数最大的区别，在于加了"＊"的参数名会以元组的形式存放所有未命名的参数，这种参数设定方法在数据分析过程中十分管用。

（二）全局变量与局部变量

变量在函数内部和外部可起到不同作用。定义在函数内部的变量拥有一个局部作用域，定义在函数外部的变量拥有全局作用域。

局部变量只能在其被声明的函数内部访问。调用函数时，所有在函数内声明的变量名称都将被加入作用域中。全局变量往往被声明在函数或其他程序块的外部，可以在整个程序范围内访问，但在函数中也可用 global 语句来声明全局变量。

(三) 递归和闭包

函数内部可以调用其他函数。如果一个函数在内部调用自身，这个函数就是递归函数。递归函数定义简单，逻辑清晰，但其效率不是很高。递归函数除了调用自身这个明显的特点之外，还应该有一个明显的结束或收敛条件。

闭包是由其他函数生成并返回的函数。即调用一个函数，这个函数返回一个在这个函数中定义的函数。

在函数中可以自定义函数，定义或者创建函数的函数即为外部函数，被定义的函数即为内部函数。如果在一个内部函数里，对在外部作用域（但不是在全局作用域）的变量进行引用，那么内部函数就被认为是闭包。

第三节　数据处理方式

一、Hadoop

在大数据时代，需要解决大量数据、异构数据等多种问题带来的数据处理难题，这里将主要介绍 Hadoop。

Hadoop 是一个分布式系统基础架构，由 Apache 基金会开发。用户可以在不了解分布式底层细节的情况下，开发分布式程序。充分利用集群的威力高速运算和存储。Hadoop 构建了一个分布式文件系统——Hadoop Distributed File System（HDFS）。HDFS 有着高容错性的特点，而且它提供高传输率来访问应用程序的数据，适合那些有着超大数据集的应用程序。HDFS 放宽了 POSIX 的要求，这样可以以流的形式访问文件系统中的数据。

(一) Hadoop 架构

Hadoop 由许多元素构成。其最底部是 HDFS，它存储 Hadoop 集群中所有存储节点上的文件。HDFS 的上一层是 MapReduce 引擎，该引擎由 JobTrackers 和 TaskTrackers 组成。

1. HDFS

对外部客户机而言，HDFS 就像一个传统的分级文件系统。可以创建、删除、移动或重命名文件等。但是 HDFS 的架构是基于一组特定的节点构建的，这是由它自身的特点所决定的。这些节点包括：NameNode（仅一个），它在 HDFS 内部提供元数据服务；DataNode，它为 HDFS 提供存储块。由于仅存在一个 NameNode，因此这是 HDFS 的一个缺点（单点失败）。

存储在 HDFS 中的文件被分成块，然后将这些块复制到多个计算机中（DataNode）。这与传统的 RAID 架构大不相同。块的大小（通常为 64MB）和复制的块数量在创建文件时由客户机决定。NameNode 可以控制所有文件操作。HDFS 内部的所有通信都基于标准的 TCP/IP 协议。

2. NameNode

NameNode 是一个通常在 HDFS 实例中的单独机器上运行的软件。它负责管理文件系统名称空间和控制外部客户机的访问。NameNode 决定是否将文件映射到 DataNode 的复制块上。对于最常见的三个复制块，第一个复制块存储在同一机架的不同节点上，最后一个复制块存储在不同机架的某个节点上。

实际的 I/O 事务并没有经过 NameNode，只有以块的形式出现的元数据经过 NameNode。当外部客户机发送请求要求创建文件时，NameNode 会以块标识和该块的第一个副本的 DataNode IP 地址作为响应。这个 NameNode 还会通知其他将要接收该块副本的 DataNode。

NameNode 在一个称为 FsImage 的文件中存储所有关于文件系统名称空间的信息。这个文件和一个包含所有事务的记录文件（这里是 EditLog）将存储在 NameNode 的本地文件系统上。FsImage 和 EditLog 文件也需要复制副本，以防文件损坏或 NameNode 系统丢失。

NameNode 本身不可避免地具有单点失效的风险，主备模式并不能解决这个问题，通过 Hadoop Non-stop Namenode 才能实现 100% 可用时间。

3. DataNode

DataNode 也是一个通常在 HDFS 实例中的单独机器上运行的软件。Hadoop 集群包含一个 NameNode 和大量 DataNode。DataNode 通常以机架的形式组织，机架通过一个交换机将所有系统连接起来。Hadoop 的一个假设是：机架内部节点之间的传输速度快于机架间节点的传输速度。

DataNode 响应来自 HDFS 客户机的读写请求。它们还响应来自 NameNode 的创建、删除和复制块的命令。NameNode 依赖来自每个 DataNode 的定期心跳消息。每条消息都包含一个块报告，NameNode 可以根据这个报告验证块映射和其他文件系统元数据。如果 DataNode 不能发送心跳消息，NameNode 将采取修复措施，重新复制在该节点上丢失的块。

4. 文件操作

HDFS 并不是一个万能的文件系统。它的主要目的是支持以流的形式访问写入的大型文件。如果客户机想将文件写入 HDFS，首先需要将该文件缓存到本地的临时存储。如果缓存的数据大于所需的 HDFS 块大小，创建文件的请求将发送给 NameNode。NameNode 将以 DataNode 标识和目标块响应客户机，同时也通知将要保存文件块副本的 DataNode。当客户机开始将临时文件发送给第一个 DataNode 时，将立即通过管道方式将块内容转发给副本 DataNode。客户机也负责创建保存在相同 HDFS 名称空间中的校验文件。在最后的文件块发送之后，NameNode 将文件创建提交到它的持久化元数据存储。

5. Linux 集群

Hadoop 框架可在单一的 Linux 平台上使用（开发和调试时），但是使用存放在机架上的商业服务器才能发挥它的力量。这些机架组成一个 Hadoop 集群。它通过集群拓扑知识决定如何在整个集群中分配作业和文件。Hadoop 假定节点可能失败，因此采用本机方法处理单个计算机甚至所有机架都有可能失败。

（二）MapReduce 流程

Hadoop 的最常见用法之一是 Web 搜索。虽然它不是唯一的软件框架应用程序，但作为一个并行数据处理引擎，它的表现非常突出。Hadoop 最有趣的方面之一是 Map and Reduce 流程，它受到谷歌开发的启发。这个流程称为创建索引，它将 Web 爬行器检索到的文本 Web 页面作为输入，并且将这些页面上的单词的频率报告作为结果。然后可以在整个 Web 搜索过程中使用这个结果从已定义的搜索参数中识别内容。

最简单的 MapReduce 应用程序至少包含三部分：1 个 Map 函数、1 个 Reduce 函数和 1 个 main 函数。main 函数将作业控制和文件输入/输出结合起来。在这点上，Hadoop 提供了大量的接口和抽象类数据，从而为 Hadoop 应用程序的开发人员提供许多工具，可用于调试和性能度量等。

MapReduce 本身就是用于并行处理大数据集的软件框架。MapReduce 的根源是函数性编程中的 Map 和 Reduce 函数。它由两个可能包含许多实例（许多 Map 和 Reduce）的操作组成。Map 函数接受一组数据并将其转换为一个键/值对列表，输入域中的每个元素对应一个键/值对。Reduce 函数接受 Map 函数生成的列表，然后根据它们的键（为每个键生成一个键/值对）缩小键/值对列表。

一个代表客户机在单个主系统上启动的 MapReduce 应用程序称为 JobTracker。类似于 NameNode，它是 Hadoop 集群中唯一负责控制 MapReduce 应用程序的系统。在应用程序提交之后，将提供包含在 HDFS 中的输入和输出目录。JobTracker 使用文件块信息（物理量和位置），确定如何创建其他 TaskTracker 从属任务。MapReduce 应用程序被复制到每个出现输入文件块的节点，将为特定节点上的每个文件块创建一个唯一的从属任务。每个 TaskTracker 将状态和完成信息报告给 JobTracker。

Hadoop 的这个特点非常重要，因为它并没有将存储移动到某个位置以供处理，而是将处理移动到存储。

二、Spark

Spark 发源于美国加州大学伯克利分校 AMPLab 的集群计算平台。2009 年由 Berkeley AMPLab 的马泰主导编写，于 2010 年开放源码，在 2013 年进入 Apache 孵化器项目，2014 年成为 Apache 三个顶级项目之一。Spark 被称为下一代计算平台。它立足于内存计算，从多迭代批量处理出发，兼容并蓄数据仓库、流处理和图计算等多种计算范式，是罕见的全能选手。

可以这样来描述 Spark：基于内存计算的集群计算系统，设计目标是让数据分析更加快速，提供比 Hadoop 更上层的 API，支持交互查询和迭代计算。

（一）编程模型

Spark 的计算抽象是数据流，而且是带有工作集的数据流。它的突破在于，在保证容错的前提下，用内存来承载工作集。显然，内存的存取速度快于磁盘多个数量级，从而可以极大地提升性能。

Spark 实现容错有两种方法：日志和检查点。由于检查点方法有数据冗余和网络通信的开销，因此 Spark 采用日志数据更新。由于 Spark 记录的是粗粒度的 RDD 更新，这样开销可以忽略不计。

Spark 程序工作在两个空间中：Spark RDD 空间和 Scala 原生数据空间。在原生数据空间里，数据表现为标量（Scala）、集合类型和持久存储。

Spark 编程模型中有多种算子，具体如下：

第一，输入算子：将 Scala 集合类型或存储中的数据吸入 RDD 空间，转为 RDD。输入算子的输入大致有两类：一类针对 Scala 集合类型，如 Parallelize；另一类针对存储数据。

输入算子的输出就是 Spark 空间的 RDD。

第二，变换算子：RDD 经过变换算子生成新的 RDD。在 Spark 运行时，RDD 会被划分成很多的分区（Partition）分布到集群的多个节点中。分区是个逻辑概念，变换前后的新旧分区在物理上可能是同一块内存或存储。这是很重要的优化，以防止函数式不变性导致的内存需求无限扩张。

一部分变换算子视 RDD 的元素为简单元素，另一部分变换算子针对 Key-Value 集合。

第三，缓存算子：有些 RDD 是计算的中间结果，其分区并不一定有相应的内存或存储与之对应，如果需要（如以备未来使用），可以调用缓存算子将分区物化存下来。

第四，行动算子：行动算子的输入是 RDD（以及该 RDD 在 Lineage 上依赖的所有 RDD），输出是执行后生成的原生数据，可能是 Scala 标量、集合类型的数据或存储。当一个算子的输出为上述类型时，该算子必然是行动算子，其效果则是从 RDD 空间返回原生数据空间。

要注意的是，从 RDD 到 RDD 的变换算子序列，一直在 RDD 空间发生。但计算并不实际发生，只是不断地记录到元数据。

元数据的结构是 DAG（有向无环图），其中每一个"顶点"是 RDD（包括生产该 RDD 的算子），从父 RDD 到子 RDD 有"边"，表示 RDD 间的依赖性。

Spark 给元数据 DAG 取了个很酷的名字——世系（Lineage）。由世系来实现日志更新。世系一直增长，直到遇上行动算子，这时就要评估了，把刚才累积的所有算子一次性执行。

（二）运行和调度

Spark 程序由客户端启动，分两个阶段：第一阶段记录变换算子序列、增量构建 DAG 图；第二阶段由行动算子触发，DAG Scheduler 把 DAG 图转化为作业及其任务集。

Spark 支持本地单节点运行（开发调试有用）或集群运行。对于后者，客户端运行于 Master 节点上，通过 Cluster manager 把划分好分区的任务集发送到集群的 worker/slave 节点上执行。

在 Spark 中有一个问题非常重要，就是对依赖的描述。Spark 将依赖划分为两类：窄依赖和宽依赖。窄依赖是指父 RDD 的每一个分区最多被一个子 RDD 的分区所用。而宽依赖则是指子 RDD 的分区依赖于父 RDD 的所有分区，通常对应于 shuffle 类操作。

在 Spark 程序中，窄依赖对于优化很有用处。这是因为在 Spark 的编程模型中，在逻辑上每个 RDD 的算子都是一个 fork/join（指同步多个并行任务的 barrier），即把计算 fork 到每个分区，算完后 join，然后 fork/join 下一个 RDD 的算子。

如果直接翻译到物理实现，是很不经济的。因为每一个 RDD（即使是中间结果）都需要物化到内存或存储中，费时费空间；而且 join 作为全局的 barrier，是很昂贵的，会被最慢的那个节点拖死。

如果子 RDD 的分区到父 RDD 的分区是窄依赖，就可以实施经典的 fusion 优化，把两个 fork/join 合为一个；如果连续的变换算子序列都是窄依赖，就可以把很多个 fork/join 并为一个，不但减少了大量的全局 barrier，而且无须物化很多中间结果 RDD，这将极大地提升性能。Spark 把这种方式叫作流水线优化。

但变换算子序列一碰上 shuffle 类操作，宽依赖就发生了，流水线优化就终止了。

在具体实现中，Spark 的 DAG 调度器会从当前算子往前回溯依赖图，一碰到宽依赖，就生成一个 Stage 来容纳已遍历的算子序列。在这个 Stage 里，可以安全地实施流水线优化。然后，又从那个宽依赖开始继续回溯，生成下一个 Stage。

宽/窄依赖的概念不只用在调度中，对容错也很有用。如果一个节点宕机了，而且运算是窄依赖，那只要把丢失的父 RDD 分区重算即可，与其他节点没有依赖。而宽依赖需要父 RDD 的所有分区都存在，重算就很昂贵了。

所以如果使用检查点算子来做检查点，不仅要考虑世系是否足够长，也要考虑是否有宽依赖，对宽依赖加检查点是最物有所值的。

思考与练习

1. 大数据对数据存储的影响有哪些？

2. 函数的参数包括哪些？

3. Hadoop 的架构包括哪些元素？

第五章 数据分析及其可视化

第一节 数据分类分析

一、相似度和相异度的度量

数据的相似性和相异性是两个非常重要的概念，在许多数据挖掘技术中都会使用，如聚类分析。在许多情况下，一旦计算出数据的相似性或相异性，就不会需要原始数据了，这种方法可视为先将数据变换到相似性（相异性）空间，然后再进行分析。

相似度：两个对象相似程度的数值度量，通常相似度是非负的，在 [0, 1] 上取值。

相异度：两个对象差异程度的数值度量，通常也是非负的，在 [0, 1] 上取值，0 到 ∞ 也很常见。

二、分类分析

分类分析数据库中组数据对象的共同特点并按照分类模式将其划分为不同的类，其目的是通过分类模型，将数据库中的数据项映射到某个给定的类别。"分类数据分析在实证研究中具有重要意义。"[1] 在现实生活中会遇到很多分类数据科学技术与应用问题，如经典的手写数字识别问题等。

（一）分类分析基本概念

分类学习是类监督学习的问题，训练数据会包含其分类结果，根据分类结果可以分为以下三种：

第一，二分类问题：是与非的判断，分类结果为两类，从中选择一个作为预测结果。

---

① 吴梦云，蒋浩宇，冯士倩. 多源高维数据的多分类纵向整合分析及应用 [J]. 统计研究，2021，38（8）：132.

第二，多分类问题：分类结果为多个类别，从中选择一个作为预测结果。

第三，多标签分类问题：不同于前两者，在多标签分类问题中一个样本可能有多个预测结果，或者有多个标签。多标签分类问题很常见，比如一部电影可以同时被分为动作片和犯罪片，一则新闻可以同时属于政治新闻和法律新闻等。

分类问题作为一个经典问题，有很多经典模型产生并被广泛应用。就模型本质所能解决问题的角度来说，模型可以分为线性分类模型和非线性分类模型。

在线性分类模型中，假设特征与分类结果存在线性关系，通常将样本特征进行线性组合，表达形式如下：

$$F(x) = w_1x_1 + w_2x_2 + \cdots + w_dx_d + b \tag{5-1}$$

表达成向量形式如下：

$$F(x) = w * x + b \tag{5-2}$$

式中的 $w = (w_1, w_2, \cdots, w_d)$。线性分类模型的算法是对 w 和 b 的学习，典型的算法包括逻辑回归和线性判别分析。

当所给的样本线性不可分时，则需要非线性分类模型。非线性分类模型中的经典算法包括决策树、支持向量机、朴素贝叶斯和 K 近邻。

（二）决策树原理

决策树可以完成对样本的分类。它被看作对于"当前样本是否属于正类"这一问题的决策过程，它模仿人类做决策时的处理机制，基于树的结果进行决策。例如，总的问题是在进行信用卡申请时，估计一个人是否可以通过信用卡申请（分类结果为是与否），这可能需要其多方面特征，如年龄、是否有固定工作、历史信用评价（好或不好）等。人类在做类似的决策时会进行一系列子问题的判断：是否有固定工作，年龄属于青年、中年还是老年，历史信用评价是好还是不好。在决策树过程中，会根据子问题搭建构造中间节点，叶子节点则为总问题的分类结果，即是否通过信用卡申请。

以上为决策树的基本决策过程，决策过程的每个判定问题都是对属性的"测试"，如"年龄""历史信用评价"等。每个判定结果是最终结论或者下一个判定问题，考虑范围是上次判定结果的限定范围。

一般一棵决策树包含一个根节点、若干个中间节点和若干个叶子节点，叶子节点对应总问题的决策结果，根节点和中间节点对应中间的属性判定问题。每经过一次划分得到符合该结果的一个样本子集，从而完成对样本集的划分过程。

决策树的生成过程是一个递归过程。在决策树的构造过程中，当前节点所包含样本全部属于同一类时，这一个节点则可以作为叶子节点，递归返回；当前节点所有样本在所有属性上取值相同时，只能将其类型设为集合中含样本数最多的类别，这同时也实现了模糊分类的效果。

在树构造过程中，每次在样本特征集中选择最合适的特征作为分支节点，这是决策树学习算法的核心，目标是使决策树能够准确预测每个样本的分类，且树的规模尽可能小。不同的学习算法生成的决策树有所不同，常用的有 ID3、C4.5 和 CART 等算法，用户可以在实际应用过程中通过反复测试比较来决定问题所适用的算法。

（三）朴素贝叶斯分类方法

1. 基本概念

朴素贝叶斯算法是基于贝叶斯理论的概率算法，在学习其原理和应用前，先了解几个相关概念。

（1）随机试验。随机试验是指可以在相同条件下重复试验多次，所有可能发生的结果都是已知的，但每次试验到底会发生其中哪种结果是无法预先确定的。

（2）事件与空间。在一个特定的实验中，每个可能出现的结果称作一个基本事件，全体基本事件组成的集合称作基本空间。

在一定条件下必然会发生的事件称作必然事件，可能发生也可能不发生的事件称作随机事件，不可能发生的事件称作不可能事件，不可能同时发生的两个事件称作互斥事件，二者必有其一发生的事件称作对立事件。

例如，在水平地面上投掷硬币的试验中，正面朝上是一个基本事件，反面朝上是一个基本事件，基本空间中只包含这两个随机事件，并且二者既为互斥事件又为对立事件。

（3）概率。概率是用来描述在特定试验中一个事件发生可能性大小的指标，是介于 0 和 1 之间的实数，可以定义为某个事件发生的次数与试验总次数的比值，即：

$$P(x) = \frac{n_x}{n} \tag{5-3}$$

式中：n_x——事件 x 发生的次数；

n——试验总次数。

（4）先验概率。先验概率是指根据以往的经验和分析得到的概率。

例如，投掷硬币实验中，50% 就是先验概率。再如，有 5 张卡片，上面分别写着数字 1、2、3、4、5，随机抽取一张，取到偶数卡片的概率是 40%，这也是先验概率。

（5）条件概率。条件概率也称作后验概率，是指在另一个事件 B 已经发生的情况下，

事件 A 发生的概率，记为 $P(A \mid B)$。如果基本空间只有两个事件 A 和 B，则有：

$$P(A \cap B) = P(A \mid B)P(B) = P(B \mid A)P(A) \tag{5-4}$$

或：

$$P(A \mid B) = \frac{P(A \cap B)}{P(B)} \tag{5-5}$$

以及：

$$C_1 = \{A, B\}, \quad C_2 = \{C, D, E\} \tag{5-6}$$

式中的 $A \cap B$ 表示事件 A 和 B 同时发生，当 A 和 B 为互斥事件时，有 $P(A \cap B) = 0$，容易得知，此时也有 $P(A \mid B) = P(B \mid A) = 0$。

（6）全概率公式。已知若干互不相容的事件 B，其中 $i = 1, 2, \cdots, n$，并且所有事件 B_i 构成基本空间，那么对于任意事件 A，有：

$$P(A) = \sum_{i=1}^{n} P(A \mid B_i) P(B_i) \tag{5-7}$$

这个公式称作全概率公式，可以把复杂事件 A 的概率计算转化为不同情况下发生的简单事件的概率求和问题。

（7）贝叶斯理论。贝叶斯理论用来根据一个已发生事件的概率计算另一个事件发生的概率，即：

$$P(A \mid B)P(B) = P(B \mid A)P(A) \tag{5-8}$$

或

$$P(A \mid B) = \frac{P(B \mid A)P(A)}{P(B)} \tag{5-9}$$

2. 朴素贝叶斯算法分类的原理与 sklearn 实现

朴素贝叶斯算法之所以说"朴素"，是指在整个过程中只做最原始、最简单的假设，例如，假设特征之间互相独立并且所有特征同等重要。

使用朴素贝叶斯算法进行分类时，分别计算未知样本属于每个已知类的概率，然后选择其中概率最大的类作为分类结果。根据贝叶斯理论，样本 x 属于某个类 c 的概率计算公式为：

$$P(c_i \mid x) = \frac{P(x \mid c_i) P(c_i)}{P(x)} \tag{5-10}$$

然后在所有条件概率 $P(c_1 \mid x)$，$P(c_2 \mid x)$，$\cdots$，$P(c_n \mid x)$ 中选择最大的那个，如 $P(c_k \mid x)$，并判定样本 x 属于类 c。

第二节　数据聚类分析

聚类分析是将物理或抽象对象的集合分组为由类似的对象组成的多个类的分析过程，它是一种重要的人类行为。

一、聚类分析的定义与方法

（一）聚类分析的定义

机器学习是利用既有的经验，完成某种既定任务，并在此过程中不断改善自身性能。通常按照机器学习的任务，将其分为有监督的学习和无监督的学习两大类方法。

在监督学习中，训练样本包含目标值，学习算法根据目标值学习预测模型。无监督的学习倾向于对事物本身特性的分析。聚类分析属于无监督学习，训练样本的标签信息未知，通过对无标签样本的学习揭示数据内在的性质及规律，这个规律通常是样本间相似性的规律。

聚类分析是一种无监督学习方法，用于将数据集中的对象（样本）划分为相似的组（簇），使得同一组内的对象相互之间的相似度高，而不同组之间的相似度较低。

1. 数据集

聚类分析应用于一个包含多个对象或样本的数据集。每个对象可以由多个特征或属性组成，用于描述对象的特性。

2. 相似度度量

聚类分析通过计算对象之间的相似度或距离来衡量它们之间的相似程度。常用的相似度度量包括欧氏距离、曼哈顿距离、余弦相似度等。

3. 聚类簇

聚类分析将数据集中的对象划分为多个簇，每个簇由一组相似的对象组成。簇内的对象应该具有较高的相似度，而簇间的对象应该具有较低的相似度。

4. 聚类算法

聚类分析使用不同的算法来执行聚类过程。常见的聚类算法包括 K-means 算法、层次聚类算法（如 AGNES、DIANA）、DBSCAN 算法等。这些算法基于不同的策略和目标函数来划分数据集。

5．聚类结果评估

对聚类结果的评估是聚类分析的重要一步。常用的评估指标包括簇内相似度、簇间距离、轮廓系数等，用于评估聚类的紧密度和分离度。

聚类分析在数据挖掘、模式识别、图像分析、市场细分等领域中广泛应用，可以帮助发现数据中的隐藏模式、群组或类别，并提供对数据集的结构化理解。

（二）聚类分析的方法

聚类分析是根据数据样本自身的特征，将数据集合划分成不同类别的过程，把一组数据按照相似性和差异性分为几个类别，其目的是使属于同一类别的数据间的相似性尽可能强，不同类别中的数据的相似性尽可能弱。聚类试图将数据集样本划分为若干个不相交的子集，每个子集称为一个"簇"（Cluster），这样划分出来的子集可能有一些潜在规律和语义信息，但是其规律是事先未知的，概念语义和潜在规律是在得到类别后分析得到的。

聚类分析中的"聚类要求"有以下两条：

第一，每个分组内部的数据具有比较大的相似性。

第二，组间的数据具有较大的差异性。

聚类分析的方法有很多种，由于它们衡量数据点远近的标准不同，具体可以分为以下三类：

第一，基于划分的聚类：把相似的数据样本划分到同一个类别，不相似的数据样本划分到不同的类别。这是聚类分析中最为简单、常用的算法。

第二，基于层次的聚类：不需要事先指定类簇的个数，根据数据样本之间的相互关系，构建类簇之间在不同表示粒度上的层次关系。

第三，基于密度的聚类：假设类簇是由样本点分布的紧密程度决定的，同一类簇中的样本连接更紧密。该算法可以发现不规则形状的类簇，最大的优势在于对噪声数据的处理。

二、划分聚类方法

K-means 算法是一种典型的基于划分的聚类算法。划分法的目的是将数据聚为若干簇，簇内的点都足够近，簇间的点都足够远。通过计算数据集中样本之间的距离，根据距离的远近将其划分为多个簇。K-means 首先需要假定划分的簇数 k，然后从数据集中任意选择 k 个样本作为该簇的中心。具体算法如下：

第一，从 n 个数据对象中任意选择 k 个对象作为初始聚类中心。

第二，计算在聚类中心之外的每个剩余对象与中心对象之间的距离，并根据最小距离重新对相应对象进行划分。

第三，重新计算每个"有变化的聚类"的中心，确定"新的聚类中心"。

第四，迭代第二和第三步，当每个聚类不再发生变化或小于指定阈值时，停止计算。

三、层次聚类方法

AGNES 是一种单连接凝聚层次聚类方法，采用自底向上的方法，先将每个样本看成一个簇，然后每次对距离最短的两个簇进行合并，不断重复，直到达到预设的聚类簇个数。其原理如下：

第一，数据准备：准备待聚类的数据集。

第二，距离矩阵计算：计算任意两个数据点之间的距离或相似度。常用的距离度量方法包括欧氏距离、曼哈顿距离、余弦相似度等。

第三，初始化聚类：将每个数据点初始化为一个单独的簇。

第四，簇间距离计算：计算每对簇之间的距离或相似度。这里可以使用不同的距离度量方法，如单链接、完全链接、平均链接等。

第五，合并最近的簇：选择簇间距离最小的一对簇，并将它们合并为一个新的簇。

第六，更新距离矩阵：更新距离矩阵，将合并后的簇与其他簇之间的距离进行调整。具体的更新策略取决于所使用的距离度量方法。

第七，重复步骤五和步骤六，直到达到预设的聚类数量或者只剩下一个簇。

第八，输出聚类结果：最终得到聚类结果，每个簇代表一个聚类。

AGNES 算法的主要思想是从底层开始逐步合并最相似的簇，形成一个层次结构的聚类树。它不需要预先指定聚类数量，而是根据数据的内在结构自动决定聚类的层次和数量。

四、基于密度的聚类方法

具有噪声的基于密度的聚类算法 DBSCAN 是一种基于密度空间的数据聚类算法。该算法将具有足够密度的区域划分为簇，并在具有噪声的空间数据库中发现任意形状的簇，它将簇定义为密度相连的点的最大集合。

该算法将具有足够密度的点作为聚类中心，即核心点，不断对区域进行扩展。该算法利用基于密度的聚类的概念，即要求聚类空间的一定区域内所包含对象（点或其他空间对象）的数目不小于某一给定阈值。

DBSCAN 算法的实现过程如下：

第一，通过检查数据集中每点的 Eps 邻域（半径 Eps 内的邻域）来搜索簇，如果点 p 的 Eps 邻域包含的点多于 MinPts 个，则创建一个以 p 为核心对象的簇。

第二，迭代地聚集从这些核心对象直接密度可达的对象，这个过程可能涉及一些密度可达簇的合并（直接密度可达是指：给定一个对象集合 D，如果对象 p 在对象 q 的 Eps 邻域内，而 q 是一个核心对象，则称对象 p 为对象 q 直接密度可达的对象）。

第三，当没有新的点添加到任何簇时，该过程结束。其中，Eps 和 MinPts 即为需要指定的参数。

第三节　数据预测分析

在工作中经常会对多年的数据进行对比，或者对同一年度的各月的数据进行对比分析，这种与时间有关的数据就是动态数据。动态数据又称时间序列数据，通过数据分析，能够把握事物的发展变化规律，进行有效的预测，从而预测事物的未来发展方向。

动态数据的分析主要包括各类动态分析指标的计算，包括发展速度、增长速度等，进行不同期间指标数据的对比（环比或同比）。另外，对于动态数据，其数据系列的平均值也是很多分析要关注的，此类平均值的计算不能都采用简单平均的办法，要对不同类型的数据采用不同的计算方法。

动态数据作为与时间有关的数据，其主要分析目的是预测。数据的预测有很多方法，最简单、最常见的是移动平均和指数平滑。对于不同的数据而言，移动平均或指数平滑能进行预测，并根据预测误差选择误差较小的方法。

数据分析不仅包括类似样本的横向比较分析，同时也包括时间序列数据的纵向分析。时间序列数据可以进行动态分析的前提是前后时间序列数据具有可比性。时间序列数据的可比性原则如下：

（1）同一时间序列的数据所属时间长短具有一致性。

（2）不同时期的数据核算范围应当一致。

（3）不同时期的数据的经济含义应具有一致性。

（4）指标的计算方法、计算价格和计量单位应具有一致性。

日常数据分析中会比较分析历史数据，这种动态数据被称为时间序列数据。本节简单介绍时间序列数据的一些常用分析指标，然后介绍一些简单的时间数列预测方法，包括移动平均和指数平滑等。

一、描述事物发展变化

（一）反映水平的指标

此类指标用于事物发展变化水平描述，包括：发展水平、平均发展水平、增长量、平均增长量。

1. 发展水平

发展水平是指时间数列中的每个指标数值，反映现象在各个时期或时点上所达到的规模和水平。在进行对比分析时，可以计算统计指数（指数就是两个数据的比值，一般用百分比表示，展示数据的对比变化）。比较不同时间的发展水平时，所研究的当前发展水平被称为报告期水平，而作为对比基础的发展水平被称为基期水平。例如，计算 8 月份销售数量 789 台对 7 月份的销售数量 500 台的发展变化时，可以计算销售量指数：

$$销售量指数 = \frac{8\,月份销售量}{7\,月份销售量} \qquad (5-11)$$

$$销售量指数 = 789 \div 500 = 1.578 = 157.8\%$$

在式中，分子 8 月份销售量为研究的当前时期，称为"报告期"，分母 7 月份销售量为对比的参考时期，称为"基期"。如果没有特别说明，一般来说，相对靠后的时期为报告期，靠前的时期为基期。计算结果说明 8 月的销售量是 7 月的 157.8%，即 8 月的销售量比 7 月增长 57.8%。

2. 平均发展水平

时间数列的平均发展水平又被称为"序时平均数"或"动态平均数"，是将一列不同时期的观测值加以平均得到的平均数，是把社会经济现象在不同时间上的数量差异抽象化，从动态上反映各期数据在一段时间内达到的一般发展水平，平均发展水平可以用来消除某一现象在短时期内波动的影响，便于广泛地对比观测现象的总体发展趋势，时间数列平均发展水平的计算需要考虑到时间数列的类型的特征。时间数列的指标内涵不同，平均发展水平的计算也不同。

时间数列的数据分为时期数据、时点数据、相对指标数据、平均指标数据，这四种数据的平均发展水平的计算各不相同。

时期数据反映某一定时期内发展过程的结果及其发展所达到的水平，用时期指标排列的数列叫作时期数列，如总收入、利润额、销售量等。这类数据连续登记，可加总，数值大小与时间长短有直接关系。这类数据计算平均发展水平，按照简单算术平均数公式计算即可。

当每个指标是反映某种社会经济现象在某一定时点上的状态及发展所达到的水平时，这种数列是时点数列。用时点指标排列的数列就叫作时点数列。时点数列是按期登记一次取得的，反映某一时点上的状态，各个指标不能相加，数值大小与时间长短没有直接联系。

还有另外一类数据被称为相对数（相对指标），任何两个指标的比值都可称为相对数，如流动比率、单位营业面积产出等。将某一相对指标按时间先后顺序排列起来形成的数列构成相对指标时间序列，相对数时间数列中的各项数据不具有可加性，也就是说，两个相对数相加没有实际意义。相对数时间序列不能直接加总，所以计算其平均发展水平时不能把相对数加总除以数据个数而得到。计算相对数的平均数要分别计算分母和分子的平均数，用这两个平均数相除得到。平均数也是由分子和分母相除得到，平均数序列也可以参照相对数序列计算平均数的方法。

3. 增长量

增长量是指时间数列中两个不同时期发展水平之差，用以说明观测指标在一定时期内所增长的数值。由于计算时采用的基期不同，增长量包括逐期增长量和累计增长量。逐期增长量是报告期比前一时期增长的绝对数据，即报告期与前一期水平之差。而累计增长量是报告期水平与某一固定时期水平之差：说明本期与某一固定基期相比增长的绝对数量，即在某一段较长时期内总的增量。

假设数据系列表示为：X_1，X_2，X_3，$\cdots$，X_{n-1}，X_n。

$$逐期增长量=报告期水平-前一期水平 = X_i - X_{i-1} \qquad (5\text{-}12)$$

$$累计增长量=报告期水平-某一固定时期的水平 = X_t - X_i \qquad (5\text{-}13)$$

逐期增长量与累计增长量的关系，即累计增长量等于对应的逐期增长量之和，用公式表示如下：

$$X_t - X_1 = (X_2 - X_1) + (X_3 - X_2) + \cdots + (X_i - X_{i-1}) \qquad (5\text{-}14)$$

在实际工作中，有时为了消除季节变化的影响，计算增长值时往往还可以计算年距增长量，即：

$$年距增长量=报告期某月（或某季）水平-基年同月（或同季）水平 \qquad (5\text{-}15)$$

增长量指标的计量单位与原有数据的计量单位相同。当发展水平增长时，这个增长量就表现为正值，说明增加的绝对值；当发展水平下降时，这个增长量就表现为负值，说明减少或降低的绝对量，因此增长量有时也被称为"增减量"。

4. 平均增长量

平均增长量是一定时期内平均每期增加（或减少）的绝对数量，用来说明某一指标在一定时期内平均增长的数值。一般用简单算术平均法计算：

$$平均增长量 = \frac{逐期增长量之和}{逐期增长量个数} = \frac{累计增长量}{时间数列项数 - 1} \tag{5-16}$$

（二）反映速度的指标

速度指标主要用来描述时间数列的某一指标的发展变化情况。时间数列的速度指标包括：发展速度、增长速度、平均发展速度和平均增长速度。

1. 发展速度

发展速度是反映某指标发展变化程度的相对指标，是两个不同时期发展水平对比的结果，是反映研究对象发展程度的动态相对指标，说明报告期的水平是基期的几倍或几分之几，常用倍数或百分比来表示，出于采用的基期不同，发展速度分为环比发展速度和定基发展速度，环比发展速度反映了现象逐期发展的变动程度，而定基发展速度则表明现象在较长时期内总的发展速度，也称总速度。计算公式如下：

$$环比发展速度 = \frac{报告期水平}{前一期水平} = \frac{X_t}{X_{t-1}} \tag{5-17}$$

$$定基发展速度 = \frac{报告期水平}{某一固定时期水平} = \frac{X_t}{X_1} \tag{5-18}$$

环比发展速度与定基发展速度之间存在如下关系：

环比发展速度的连乘积等于对应的定基发展速度，即：

$$\frac{X_t}{X_1} = \frac{X_2}{X_1} \times \frac{X_3}{X_2} \times \cdots \times \frac{X_t}{X_{t-1}} \tag{5-19}$$

相邻时期的两个定基发展速度相除，等于相应的环比发展速度，即：

$$\frac{X_t}{X_1} \div \frac{X_{t-1}}{X_1} = \frac{X_t}{X_{t-1}} \tag{5-20}$$

2. 增长速度

增长速度是表明观测指标增长程度的相对指标，是增长量与基期水平对比的结果，说明报告期水平比基期水平增长了几倍或百分之几。增长速度一般通过发展速度来计算，增长速度等于发展速度减去 1。

$$增长速度 = \frac{增长量}{基期发展水平} = 发展速度 - 1 \tag{5-21}$$

若发展速度大于 1，则增长速度为正值，表示的是该指标增长的程度；若发展速度小于 1，则增长速度为负值，表示的则是该指标降低的程度。

与发展速度对应，增长速度由于所采用的基期不同可分为环比增长速度与定基增长速度，计算公式为：

$$环比增长速度 = \frac{逐期增长量}{前一期发展水平} = 环比发展速度 - 1 \tag{5-22}$$

$$定基增长速度 = \frac{累计增长量}{某一固定时期发展水平} = 定基发展速度 - 1 \tag{5-23}$$

有时，为分析需要，还要计算与去年同比的增长速度，即年距增长速度（又称"同比增速"），同比增长速度是年距增长量与前一年同期水平对比的结果，也可以用年距发展速度减去 1，即：

$$年距增长速度 = \frac{年距增长量}{去年同期发展水平} = 年距发展速度 - 1 \tag{5-24}$$

3. 平均发展速度和平均增长速度

平均发展速度是一定时期内各个环比发展速度的平均数，反映现象在一定时期内逐期平均发展变化的程度。平均增长速度则是一定时期内各环比增长速度的一般水平（不是各环比增长速度的算术平均值），反映现象在一定时期内逐期平均增长变化的程度，计算公式为：

$$平均增长速度 = 平均发展速度 - 1 \tag{5-25}$$

平均发展速度的计算有不同的方法，这里介绍水平法，又叫几何平均法，它是间隔期内期末最后一期发展水平同基期水平对比后，再开 $(n-1)$ 次方而求得的平均发展速度。计算公式为：

$$平均发展速度 = \sqrt[n-1]{\frac{X_n}{X_1}} \tag{5-26}$$

水平法的计算仅使用到了期末和期初的数据，它侧重考察期末发展水平，不反映中间各项水平的变化，所以在计算平均发展速度时，必须对间隔期内的各期经济情况进行分析。如果中间各期发展水平忽高忽低或者最末水平受特殊因素的影响而过高或过低时，运用水平法计算出的平均发展速度就没有代表性。

二、动态数据的构成及预测

动态数据（时间数列）一般由四个因素构成，即长期趋势、季节变动、循环变动、随机变动。

长期趋势是指客观现象在一个相当长的时期内，受某种稳定因素影响所呈现出的持续上升或下降趋势。季节变动是时间数列受季节因素的影响在一定时期内随季节变化呈现出来的一种周期性的波动。零售企业的商品零售额会随着季节变化表现出明显的季节波动。循环变动也是一种周期性的波动，但其实是非固定周期长度且周期相对较长的一种周期性波动。在经济研究中，经济周期、景气周期是一种循环波动。循环波动的周期可能会持续一段时间，但与长期趋势不同，它不是朝着一个方向持续变动，而是涨落起伏。循环波动与季节变动也不同，循环波动周期相对较长，且不固定，而季节变动周期较短，一般短于一年。除去趋势、季节变动和周期波动之外的影响即为随机波动（也称为不规则波动），随机波动是指客观现象由于突发事件或偶然因素引起的无规律性的波动，只含有随机波动而不存在趋势和季节性的序列，也称为平稳序列。一个动态数列可能由一种要素构成，也可能同时包含多种构成要素。

在对动态数列进行分析时，首先要明确这四种类型因素变动的构成形式，即它们是如何结合及相互作用的。把这些构成要素和时间序列的关系用一定的数学关系表示，就构成了时间数列影响因素分解模型。

动态数列的预测首先要确定序列所包含的成分。找出适合此类时间序列的预测方法，并对可能的预测方法进行评估，以确定最佳预测方法，利用最佳预测方法进行预测。一种预测方法的好坏取决于预测误差的大小。预测误差是预测值和实际值的差距。预测误差有很多计算方法，最常用的是均方误差（MSE）。用均方误差来比较预测误差的大小，均方误差越小，预测效果越好。均方误差 MSE 的计算公式如下：

$$MSE = \frac{\sum_{i=1}^{n}(X_i - F_i)^2}{n} \tag{5-27}$$

式中的 X_i、F_i 分别代表原始数值和预测值。

下面主要介绍平滑法。这种方法适合于只含有随机成分平稳序列，通过对时间序列进行平滑（平滑指用移动平均等方法把序列数据变得平顺）以消除其随机波动，主要有移动平均法和指数平滑法等，这些平滑法既可用于短期预测，也可用于对时间序列进行平滑以描述序列的趋势。

（一）移动平均法

移动平均法是采取逐项依次递移的方法将时间数列的时距扩大，计算扩大时距后的序列平均数，形成一个新的时间数列。在这一新的数列中，由于短期起作用的偶然因素的影响已经削弱，甚至已被排除，从而显示出现象发展的基本趋势。

选择一定长度的移动间隔，对序列逐期移动求得平均数作为上一期的预测值。

设移动间隔为 k（$1<k<t$），则 $t+1$ 期的移动平均预测值为：

$$F_{t+1} = \bar{X} = \frac{X_{t-k+1} + X_{t-k+2} + \cdots + X_{t-1} + X_t}{k} \tag{5-28}$$

移动平均法的特点为：对每个观察值都给予相同的权数，只使用最近几期的数据，在每次计算移动平均值时，移动的间隔都为 k，主要适合对较为平稳的序列进行预测，对于同一个时间序列，采用不同的移动步长，预测的准确性是不同的。选择移动步长时，可通过多次试验，选择一个使均方误差达到最小的移动步长。

（二）指数平滑法

移动平均预测仅仅使用了最后几个数据，以前的很多数据都没有用到，而且计算平均数采用的方法为简单算术平均法，各个数据的权重是一样的。如果能把所有历史数据都纳入预测的计算公式中，而且根据时间远近采用不同权重，可能预测的效果会更好，基于这个思路就产生了指数平滑法。

指数平滑法是对过去的观察值加权平均预测的一种方法，观察值所属的时间越久远，其权数也跟着呈现指数级别的变小。

以某时期的预测值与观察值的加权平均作为第 S1 期的预测值，其预测模型为：

$$F_{t+1} = \alpha X_t + (1-\alpha)F_t \tag{5-29}$$

在开始计算时，没有第一期的预测值 F，通常可以设 F 等于第一期的实际观察值，即：

$$F_1 = X_1 \tag{5-30}$$

第二期的预测值为：

$$F_2 = \alpha X_1 + (1-\alpha)F_1 = \alpha X_1 + (1-\alpha)X_1 = X_1 \tag{5-31}$$

第三期的预测值为：

$$F_3 = \alpha X_2 + (1-\alpha)F_2 = \alpha X_2 + (1-\alpha)X_1 \tag{5-32}$$

第四期的预测值为：

$$F_4 = \alpha X_3 + (1-\alpha)F_3 = \alpha X_3 + (1-\alpha)[\alpha X_2 + (1-\alpha)X_1] = \alpha X_3 + \alpha(1-\alpha)X_2 + (1-\alpha)^2 X_1 \tag{5-33}$$

从上面推导的公式可以看出，随着预测期限的后移，公式中的指数会越来越大。

不同的平滑系数会对预测结果产生不同的影响。当时间序列有较大的随机波动时，宜选较大的 a，以便能很快跟上近期的变化。当时间序列比较平稳时，宜选较小的 a，还应考虑预测误差。使用均方误差来衡量预测误差的大小，当确定 a 时，可选择几个进行预测，然后找出预测误差最小的作为预测值。

三、预测模型研究与应用

（一）预测模型的基础理论

1. 预测方法的分类

按预测目标范围不同，可分为宏观预测和微观预测，宏观经济预测是指对整个国民经济或一个地区、一个部门的经济发展前景的预测，而微观经济预测是以单个经济单位的经济活动前景作为考察的对象。按预测期限长短不同，可分为长期预测、中期预测和短期预测。按预测结果的不同性质，可分为定性预测和定量预测。

（1）定性预测。定性预测主要是根据事物的性质和特点以及过去和现在的有关数据，对事物做非数量化的分析，然后根据这种分析对事物的发展趋势做出判断和预测。定性预测在很大程度上取决于经验和专家的努力，依靠人们的主观判断来取得预测结果。其特点为：简单易行、花费时间少、应用历史较久。当缺乏统计数据，不能构成数学模型或环境变化很大，历史统计数据的规律无法反映事物变化规律时一般用定性预测。主要方法包括：用户意见法（对象调查法）、员工意见法、个人判断、专家会议、德尔菲法、主观概率法、类推法、目标分解法等。这些方法在一定程度上都存在片面性、准确度不太高的缺点，可以作为定量预测的辅助方法。

（2）定量预测。定量预测主要利用历史统计数据并通过一定的数学方法建立模型，以模型为主对事物的未来做出判断和预测的数量化分析，也称客观预测。

2. 预测方法的一般步骤

（1）预测目标分析和确定预测期限。确定预测目标和预测期限是进行预测工作的前提。

（2）进行调研，收集资料。预测以一定的资料和信息为基础，以预测目标为中心收集充分、详尽、可靠的资料。同时要去伪存真，去掉不真实和与预测对象关系不密切的资料。

（3）选择合适的预测方法。分别研究当前预测理论领域的各种预测模型和预测方法。

预测方法的选取应服从于预测的目的和资料、信息的条件。同时使用多种预测方法独立地进行预测，并对各种预测值分别进行合理性分析与判断。

（4）考虑模型运行平台。依据预测理论和预测方法，选择合适的数据库和编程语言实现预测模型系统。

（5）对预测的结果进行分析和评估。考核预测结果是否满足预测目标的要求，对各种预测模型进行相关检验，比较预测精确度。根据不同模型的拟合效果和精度，选取精度较高和拟合效果较好的模型。

（6）模型的更新。应该根据最新的管理、经济动态和新到来的信息数据，重新调整原来的预测模型以提高预测的准确性。

（二）回归分析预测模型

1. 一元线性回归预测模型

一元线性回归分析是处理两个变量 x（自变量）和 y（因变量）之间关系的最简单模型，研究这两个变量之间的线性相关关系。通过该模型的讨论，不仅可以掌握有关一元线性回归的理论知识，而且可以从中了解回归分析方法的数学模型、基本思想、方法及应用。

（1）一元回归公式。以影响预测的各因素作为自变量或解释变量 x 和因变量或被解释变量 y 有如下关系：

$$y_i = a + bx_i + u_i, \ i = 1, \ 2, \ \cdots, \ n \tag{5-34}$$

（2）建立模型与相关检验。

第一，参数的最小二乘估计。相应于 y_i 的估计值，$\hat{y_i}$ 与 y_i 之差称为估计误差或残差，以 l_i 表示，$l_i = y_i - \hat{y_i}$。显然，误差的大小是衡量估计量好坏的主要标志。我们以误差平方和最小作为衡量总误差最小的准则，并依据这一准则对参数 a，b 作出估计。令：

$$Q = \sum_{i=1}^{n} (y_i - \hat{y_i})^2 = \sum_{i=1}^{n} l_i^2 = \sum_{i=1}^{n} (y_i - \hat{a} - \hat{b}x_i)^2 \tag{5-35}$$

第二，相关性检验。一般情况下，在一元线性回归时，用相关性检验较好，相关系数 R 是描述变量 x 与 y 之间线性关系密切程度的一个数量指标。

$$R = \frac{\sum_{i=1}^{n} x_i y_i - n\,\overline{xy}}{\sqrt{\sum_{i=1}^{n} x_i^2 - \overline{nx^2}} \ \sqrt{\sum_{i=1}^{n} y_i^2 - \overline{ny^2}}} = \frac{l_{xy}}{\sqrt{l_{xx} l_{yy}}} (-1 \leqslant R \leqslant 1) \tag{5-36}$$

2. 多元线性回归预测模型

对多元线性回归模型的基本假设是在对一元线性回归模型的基本假设基础之上，还要求所有自变量彼此线性无关，这样随机抽取 n 组样本观察值就可以进行参数估计。

（1）多元回归公式。

$$y_i = b_0 + b_1 x_1 + b_2 x_2 + \cdots + b_k x_k + u_i, \ i = 1, 2, \cdots, n \tag{5-37}$$

（2）建立模型与相关检验。

第一，参数的最小二乘估计。式子对应的样本回归模型为 $\dot{y}_i = \dot{b}_o + \dot{b}_1 x_{1i} + \dot{b}_2 x_{2i} + \cdots + \dot{b}_k x_{ki} (i = 1, 2, \cdots, n)$。利用最小二乘法求参数估计量 $\dot{b}_o, \dot{b}_1, \dot{b}_2, \cdots, \dot{b}_k$，设残差平方和为 Q，则 $Q = \sum\limits_{i=1}^{n} [y_i - (\dot{b}_n + \dot{b}_1 x_{1i} + \dot{b}_2 x_{2i} + \cdots + \dot{b}_k x_{ki})]^2$ 要达到最小。

由偏微分知识可知：

$$\begin{cases} \dfrac{\partial Q}{\partial \dot{b}_0} = -2 \sum\limits_{n}^{i=1} [y_i - (\dot{b}_o + \dot{b}_1 x_{1i} + \dot{b}_2 x_{2i} + \cdots + \dot{b}_k x_{ki})] = 0 \\ \cdots\cdots \\ \dfrac{\partial Q}{\partial \dot{b}_k} = -2 \sum\limits_{n}^{i=1} [y_i - (\dot{b}_o + \dot{b}_1 x_{1i} + \dot{b}_2 x_{2i} + \cdots + \dot{b}_k x_{ki})] x_{ki} = 0 \end{cases} \tag{5-38}$$

经整理，写成矩阵形式，得到：

$$x\hat{B} = y \Rightarrow (x^{\mathrm{T}} x) \hat{B} = x^{\mathrm{T}} y \Rightarrow \hat{B} = (x^{\mathrm{T}} x)^{-1} (x^{\mathrm{T}} y) \tag{5-39}$$

第二，多元线性回归模型的检验。

TSS：$\sum\limits_{i=1}^{n} (y_i - \bar{y})^2$ 表示观察值与其平均值的总离差平方和。

ESS：$\sum\limits_{i=1}^{n} (\hat{y}_i - \bar{y})^2$ 表示由回归方程中 x 的变化而引起的回归平方和。

RSS：$TSS - ESS = \sum\limits_{i=1}^{n} (y_i - \hat{y}_i)^2$ 表示不能用回归方程解释的部分，是由其他未能控制的随机干扰因素引起的残差平方和。

（3）应用回归方程进行预测。

第一，预测值的点估计。当方程通过检验后，由已经求出的回归方程和给定的解释变量 $X_0 = (x_{01}, x_{02}, \cdots, x_{0k})$，可以求出此条件下的点预测值，输入 X_0 的值，则预测值 $\dot{y}_i = \dot{b}_0 + \dot{b}_1 x_{01} + \dot{b}_2 x_{02} + \cdots + \dot{b}_k x_{0k}$。

第二，区间估计。为估计预测风险和给出置信水平，应继续做区间估计，也就是在一定的显著性水平下，求出置信区间，即求出一个正实数 δ ，使得实测值 y_0 以 $1 - \alpha$ 的概率落在区间 $(y_0 - \delta,\ y_0 + \delta)$ 内，满足 $P(y_0 - \delta,\ y_0 + \delta) = 1 - \alpha$ ，其中 $\delta = t_{\frac{\alpha}{2}}(n - m - 1) \times \sigma \times \sqrt{1 + X_0\ (X^TX)^{-1}X_0^T}$ ，$\sigma = \sqrt{RSS/(n - m - 1)}$ 。

（三）趋势外推预测模型

趋势外推法的基本理论是：事物发展过程一般都是渐进式的变化，而不是跳跃式的变化，决定事物过去发展的因素在很大程度上也决定该事物未来的发展，事物的变化不会太大。依据这种规律推导，就可以预测出它的未来趋势和状态。

趋势外推预测模型是在对研究对象过去和现在的发展做了全面分析之后，利用某种模型描述某一参数的变化规律，然后以此规律进行外推。趋势外推预测模型包括：皮尔预测模型、龚珀兹预测模型、林德诺预测模型和其他一些生长曲线和包络曲线预测模型等。建立趋势外推预测模型主要包括六个步骤：①选择预测参数；②收集必要的数据；③拟合线；④趋势外推；⑤预测说明；⑥研究预测结果在制订规划和决策中的应用。

皮尔曲线能较好地描述技术增长和新技术扩散过程。例如，某种耐用消费品的普及过程、流行商品的累计销售额以及被置于孤岛上的动植物增长现象等。皮尔曲线的数学模型为：

$$y(t) = \frac{L}{1 + ae^{-bt}} \tag{5-40}$$

皮尔曲线参数的求解方法如下：首先利用三次样条插值法来实现非等时距沉降时间序列的等时距变换，然后将等时间序列的样本分为 3 段：第 1 段为 $t = 1,\ 2,\ 3,\ \cdots,\ r$ ；第 2 段为 $t = r + 1,\ r + 2,\ r + 3,\ \cdots,\ 2r$ ；第 3 段为 $t = 2r + 1,\ 2r + 2,\ 2r + 3,\ \cdots,\ 3r$ 。设 S_1 ，S_2 ，S_3 分别为这 3 个段内各项数值的倒数之和，则有：

$$\begin{cases} S_1 = \sum_{t=1}^{r} \dfrac{1}{y(t)} \\[2mm] S_2 = \sum_{t=r+1}^{2r} \dfrac{1}{y(t)} \\[2mm] S_3 = \sum_{t=2r+1}^{3r} \dfrac{1}{y(t)} \end{cases} \tag{5-41}$$

将皮尔预估模型改写为倒数形式，即：

$$\frac{1}{y(t)} = \frac{1}{L} + \frac{ae^{-bt}}{L} \tag{5-42}$$

则有：

$$\begin{cases} S_1 = \sum_{t=1}^{r} \frac{1}{y(t)} = \frac{r}{L} + \frac{a}{L} \sum_{t=1}^{r} \mathrm{e}^{-bt} = \frac{r}{L} + \frac{a\mathrm{e}^{-b}(1-\mathrm{e}^{-rb})}{L(1-\mathrm{e}^{-b})} \\ S_2 = \sum_{t=r+1}^{2r} \frac{1}{y(t)} = \frac{r}{L} + \frac{a\mathrm{e}^{-(r+1)b}(1-\mathrm{e}^{-rb})}{L(1-\mathrm{e}^{-b})} \\ S_3 = \sum_{t=2r+1}^{3r} \frac{1}{y(t)} = \frac{r}{L} + \frac{a\mathrm{e}^{-(2r+1)b}(1-\mathrm{e}^{-rb})}{L(1-\mathrm{e}^{-b})} \end{cases} \qquad (5\text{-}43)$$

第四节　数据关联分析

一、关联分析的界定

关联规则是描述数据库中数据项之间所存在关系的规则，即根据事务中某些项的出现可导出另一些项在同一事务中也出现，即隐藏在数据间的关联或相互关系。关联规则的学习属于无监督学习，在实际生活中的应用很多，例如，分析顾客超市购物记录，可以发现很多隐数据科学技术与应用的关联规则，如经典的啤酒和尿布问题。

（一）关联规则定义

首先给出各项的集合 $I = \{I_1, I_2, \cdots, I_m\}$ ，关联规则是形如 $X \rightarrow Y$ 的蕴含式，其中 X、Y 属于 I，且 X 与 Y 的交集为空。

（二）指标定义

在关联规则挖掘中有 4 个重要指标，具体如下：

1. 置信度

设 W 中支持物品集 A 的事务中有 $c\%$ 的事务同时也支持物品集 B，$c\%$ 称为关联规则 $A \rightarrow B$ 的置信度，即条件概率 $P(B \mid A)$。

实例说明：以上述的啤酒和尿布问题为例，置信度就回答了这样一个问题——如果一个顾客购买啤酒，那么他也购买尿布的可能性有多大呢？在上述例子中，购买啤酒的顾客中有 50% 的顾客购买了尿布，所以置信度是 50%。

2. 支持度

设 W 中有 $s\%$ 的事务同时支持物品集 A 和 B，$s\%$ 称为关联规则 $A \rightarrow B$ 的支持度。支持度描述了 A 和 B 这两个物品集的交集 C 在所有事务中出现的概率，即 $P(A \cap B)$ 。

实例说明：某天，共有 100 个顾客到商场购买物品，其中有 15 个顾客同时购买了啤酒和尿布，那么上述关联规则的支持度就是 15%。

3. 期望置信度

设 W 中有 e% 的事务支持物品集 B，e% 称为关联规则 $A \rightarrow B$ 的期望置信度。期望置信度是指单纯的物品集 B 在所有事务中出现的概率，即 $P(B)$ 。

实例说明：如果某天共有 100 个顾客到商场购买物品，其中有 25 个顾客购买了尿布，则上述关联规则的期望置信度就是 25%。

4. 提升度

提升度是置信度与期望置信度的比值，反映了物品集 A 的出现对物品集 B 的出现概率造成了多大的影响。

实例说明：上述实例中，置信度为 50%，期望置信度为 25%，则上述关联规则的提升度为 2（50%/25%）。

（三）关联规则挖掘定义

给定一个交易数据集 T，找出其中所有支持度大于等于最小支持度、置信度大于等于最小置信度的关联规则。

有一个简单的方法可以找出所需要的规则，即穷举项集的所有组合，并测试每个组合是否满足条件。一个元素个数为 n 的项集的组合个数为 2^{n-1}（除去空集），所需要的时间复杂度明显为 $o(2^n)$。对于普通的超市，其商品的项目数在 1 万以上，用指数时间复杂度的算法不能在可接受的时间内解决问题。怎样快速挖掘出满足条件的关联规则是关联挖掘需要解决的主要问题。

对于 ｛啤酒→尿布｝、｛尿布→啤酒｝ 这两个关联规则的支持度只需要计算 ｛尿布，啤酒｝ 的支持度，即它们交集的支持度。于是把关联规则挖掘分如下两步进行。

第一，生成频繁项集：这一阶段找出所有满足最小支持度的项集，找出的这些项集称为频繁项集。

第二，生成强规则：在上一步产生的频繁项集的基础上生成满足最小置信度的规则，产生的规则称为强规则。

二、Apriori 算法

Apriori 算法用于找出数据中频繁出现的数据集。为了减少频繁项集的生成时间，可尽早消除一些完全不可能是频繁项集的集合。

在使用关联规则分析解决实际问题时，需要有足够多的历史数据以供挖掘潜在的关联规则，然后使用这些规则进行预测。

三、FP-Tree 算法

FP-Tree 算法同样用于挖掘频繁项集。其中引入了三部分内容来存储临时数据结构。首先是项头表，记录所有频繁 1-项集（支持度大于最小支持度的 1-项集）的出现次数，并按照次数进行降序排列。其次是 FP 树，将原始数据映射到内存，以树的形式存储。最后是节点链表，所有项头表里的频繁 1-项集都是一个节点链表的头，它依次指向 FP 树中该频繁 1-项集出现的位置，将 FP 树中所有出现相同项的节点串联起来。

FP-Tree 算法首先需要建立降序排列的项头表，然后根据项头表中节点的排列顺序对原始数据集中每条数据的节点进行排序并剔除非频繁项，得到排序后的数据集。

建立项头表并得到排序后的数据集后，建立 FP 树。FP 树的每个节点由项和次数两部分组成。逐条扫描数据集，将其插入 FP 树，插入规则为：每条数据中排名靠后的作为前一个节点的子节点，如果有公用的祖先，则对应的公用祖先节点计数加 1。插入后，如果有新节点出现，则项头表对应的节点会通过节点链表链接上新节点。所有的数据都插入 FP 树后，FP 树的建立完成。

得到 FP 树后，可以挖掘所有的频繁项集。从项头表底部开始，找到以该节点为叶子节点的子树，可以得到其条件模式基。基于条件模式基，可以递归发现所有包含该节点的频繁项集。

算法具体流程如下：

第一，扫描数据，得到所有频繁 1-项集的计数。然后删除支持度低于阈值的项，将频繁 1-项集放入项头表，并按照支持度降序排列。

第二，扫描数据，将读到的原始数据剔除非频繁 1-项集，并按照支持度降序排列。

第三，读入排序后的数据集，插入 FP 树。按照排序后的顺序进行插入，排序靠前的节点是祖先节点，而靠后的节点是子孙节点。如果有公用的祖先，则对应的公用祖先节点计数加 1。插入后，如果有新节点出现，则项头表对应的节点会通过节点链表链接上新节点。所有的数据都插入 FP 树后，FP 树的建立完成。

第四，从项头表的底部项依次向上找到项头表项对应的条件模式基，从条件模式基递归挖掘得到项头表项的频繁项集。

第五，如果不限制频繁项集的项数，则返回步骤四所有的频繁项集，否则只返回满足项数要求的频繁项集。

第五节　数据可视化技术

数据可视化是对数据的视觉表现的研究，这种数据的视觉表现形式被定义为一种以某种概要形式抽提出来的信息，包括相应信息单位的各种属性和变量。数据可视化的主要目的是通过图像清楚有效地传播信息。为了有效地传递思想，美观的形式与功能性需要密切地关联，通过一种更直观的方式传播关键部分，提供对相当分散和复杂的数据集的洞悉。

数据可视化的设计简化为四个级联的层次：第一层刻画真实用户的问题，称为问题刻画层；第二层是抽象层，将特定领域的任务和数据映射到抽象且通用的任务及数据类型；第三层是编码层，设计与数据类型相关的视觉编码及交互方法；第四层的任务是创建正确完整系统设计的算法。各层之间是嵌套的，上游层的输出是下游层的输入。

一、数据可视化的类型划分

数据可视化的处理对象是数据。自然地，数据可视化包含处理科学数据的科学可视化与处理抽象、非结构化信息的信息可视化两个分支。科学可视化研究带有空间坐标和几何信息的三维空间测量数据等，重点探索如何有效地呈现数据中几何、拓扑和形状特征。信息可视化的处理对象则是非结构化、非几何的抽象数据，如金融交易、社交网络和文本数据，其核心挑战是如何针对大尺度高维数据减少视觉混淆对有用信息的干扰。由于数据分析的重要性，将可视化与分析进行结合，形成一个新的学科——可视分析学。科学可视化、信息可视化和可视分析学三个学科方向通常被看成可视化的三个主要分支。

（一）科学可视化

"科学可视化本是计算机图形学的研究领域，与多个学科密切交叉，广泛应用于科学研究领域，同时也在科学教育和科学普及领域有着较多的应用。"[1] 面向的领域主要是自然科学，如物理、化学、气象气候、航空航天、医学、生物学等各个学科，这些学科通常需要对数据和模型进行解释、操作与处理，旨在寻找其中的模式、特点、关系以及异常情况。

---

[1]　王国燕，汤书昆. 传播学视角下的科学可视化研究 [J]. 科普研究，2013（6）：20.

科学可视化的基础理论与方法已经相对成形，早期的关注点主要在于三维真实世界的物理化学现象，数据通常表达在三维或二维空间，或包含时间维度。鉴于数据的类别可分为标量（密度、温度）、向量（风向、力场）、张量（压力、弥散）三类，科学可视化也可粗略地分为三类：标量场可视化、向量场可视化和张量场可视化。

（二）信息可视化

信息可视化处理的对象是抽象的、非结构化的数据集合（如文本、图表、层次结构、地图、软件、复杂系统等）。传统的信息可视化起源于统计图形学，又与信息图形、视觉设计等现代技术相关，其表现形式通常在二维空间，因此关键问题是在有限的展现空间中以直观的方式传达大量的抽象信息。

与科学可视化相比，信息可视化更关注抽象、高维数据。此类数据通常不具有空间中位置的属性，因此要根据特定数据分析的需求，决定数据元素在空间的布局。

（三）可视分析学

可视分析学是一门以可视交互界面为基础的分析推理科学，它综合了图形学、数据挖掘和人机交互等技术，以可视交互界面为通道，将人的感知和认知能力以可视的方式融入数据处理过程，实现人脑智能和机器智能优势互补和相互提升，建立螺旋式信息交流与知识提炼途径，完成有效的分析推理和决策。

可视分析学可看成将可视化、人的因素和数据分析集成在内的一种新思路。其中，感知与认知科学研究人在可视分析学中的重要作用；数据管理和知识表达是可视分析构建数据到知识转换的基础理论；地理分析、信息分析、科学分析、统计分析、知识发现等是可视分析学的核心分析论方法。在整个可视分析过程中，人机交互必不可少，可用于驾驭模型构建、分析推理和信息呈现等整个过程。可视分析流程中推导出的结论与知识最终需要向用户表达、作业和传播。

可视分析学是一门综合性学科，与多个领域相关：在可视化方面，有信息可视化、科学可视化与计算机图形学；与数据分析相关的领域包括信息获取、数据处理和数据挖掘；而在交互方面，则有人机交互、认知科学和感知等学科融合。

二、数据可视化的核心流程

"随着大数据时代的到来，使用数据可视化技术，可以提高挖掘数据信息的效率以及增加决策的准确性。"[①] 科学可视化和信息可视化分别设计了可视化流程的参考体系结构模型，并被广泛应用于数据可视化系统中。可视分析学的基本流程是通过人机交互将自动数据挖掘方法和可视分析方法紧密结合，可视分析流水线的起点是输入的数据，终点是提炼的知识。从数据到知识有两个途径：交互的可视化方法和自动的数据挖掘方法，两个途径的中间结果分别是对数据的交互可视化结果和从数据中提炼的数据模型。用户既可以对可视化结果进行交互的修正，也可以调节参数以修正模型。数据可视化流程中的核心要素包括以下三个方面：

（一）数据表示与转换

数据可视化的基础是数据表示与转换，为了允许有效的可视化、分析和记录，输入数据必须从原始状态转换到一种便于计算机处理的结构化数据表示形式。通常这些结构存在于数据本身，需要研究有效的数据提炼或简化方法以最大限度地保持信息和知识的内涵及相应的上下文。有效表示海量数据的主要挑战在于采用具有可伸缩性和扩展性的方法，以便保持数据的特性和内容。

此外，将不同类型、不同来源的信息合成一个统一的表示，使得数据分析人员能及时地聚焦于数据的本质，这也是研究的重点。

（二）数据的可视化呈现

将数据以一种直观、容易理解和操纵的方式呈现给用户，需要将数据转换为可视表示。数据可视化向用户传播了信息，而同一个数据集可能对应多种视觉呈现形式，即视觉编码，数据可视化的核心内容是从巨大的呈现多样性的空间中选择最合适的编码形式。判断某个视觉编码是否合适的因素包括感知与认知系统的特性、数据本身的属性和目标任务。

大量的数据采集通常是以流的形式实时获取的，针对静态数据发展起来的可视化显示方法不能直接拓展到动态数据。这不仅要求可视化结果有一定的时间连贯性，还要求可视化方法达到高效以便给出实时反馈。因此不仅需要研究新的软件算法，还需要更强大的计算平台（如分布式计算或云计算）、显示平台（如一亿像素显示器或大屏幕拼接）和交互模式（如体感交互、可穿戴式交互）。

---

① 温丽梅，梁国豪，韦统边，等. 数据可视化研究［J］. 信息技术与信息化，2022（5）：164.

（三）用户交互

对数据进行可视化和分析的目的是解决目标任务，有些任务可明确定义，有些任务则更广泛或者一般化。通用的目标任务可分成三类：生成假设、验证假设和视觉呈现。数据可视化可以用于从数据中探索新的假设，也可以证实相关假设与数据是否吻合，还可以帮助数据专家向公众展示其中的信息。交互是通过可视的手段辅助分析决策的直接推动力。

有关人机交互的探索已经持续很长时间，但智能、适用于海量数据可视化的交互技术，如任务导向的、基于假设的方法还是一个未解难题，其核心挑战是新型的可支持用户分析决策的交互方法。这些交互方法涵盖底层的交互方式与硬件、复杂的交互理念与流程，还需要克服不同类型的显示环境和不同任务带来的可扩充性难点。

三、可视化中的数据与图表

（一）可视化中的数据

人们对数据的认知一般都经过从数据模型到概念模型的过程，最后得到数据在实际中的具体语义。

数据模型是对数据的底层描述及相关的操作。在处理数据时，最初接触的是数据模型。例如：一组数据 7.8，12.5，14.3，…，首先被看作一组浮点数据，可以应用加、减、乘、除等操作；另一组数据白、黑、黄、…，则被视为一组根据颜色分类的数据。

概念模型是对数据的高层次描述，对应于人们对数据的具体认知。在对数据进行进一步处理之前，需要定义数据的概念和它们之间的联系，同时定义数据的语义和它们所代表的含义。例如：对于 7.8，12.5，14.3，…，可以从概念模型出发定义它们是某天的气温值，从而赋予这组数据特别的语义，并进行下一步的分析（如统计分析一天中的温度变化）。概念模型的建立跟实际应用紧密相关。

根据数据分析的要求，不同的应用可以采用不同的数据分类方法。例如：根据数据模型，数据可以分为浮点数、整数、字符等；根据概念模型，可以定义数据所对应的实际意义或者对象，如汽车、摩托车、自行车等分类数据。在科学计算中，通常根据测量标度将数据分为四类：类别型数据、有序型数据、区间型数据和比值型数据。

（二）可视化中的图表

统计图表是最早的数据可视化形式之一，作为基本的可视化元素，其仍然被非常广泛地使用。对于很多复杂的大型可视化系统来说，这类图表更是作为基本的组成元素而不可缺少。

第一，柱状图。柱状图是一种以长方形的长度为变量的表达图形的统计报告图，由一系列高度不等的纵向条纹表示数据分布的情况，用来比较两个或两个以上的数值（不同时间或者不同条件），只有一个变量，通常用于较小的数据集分析。柱状图亦可横向排列，或用多维方式表达。

第二，直方图。直方图是对数据集的某个数据属性的频率统计，对于单变量数据，其取值范围映射到横轴，并分割为多个子区间。每个子区间都用一个直立的长方块表示，高度正比于属于该属性值子区间的数据点的个数。直方图可以呈现数据的分布、离群值和数据分布的模态。直方图的各个部分之和等于一个单位整体，而柱状图的各个部分之和没有限制，这是两者的主要区别。

第三，饼图。饼图采用饼干的隐喻，用环状方式呈现各分量在整体中的比例，这种分块方式是环状树图等可视表达的基础。

四、可视化中的交互技术

（一）交互技术的主要作用

数据可视化系统除了视觉呈现部分，另一个核心要素是用户交互，交互是用户通过与系统之间的对话和互动来操纵与理解数据的过程。无法互动的可视化结果，如静态图片和自动播放的视频，虽然在一定程度上能帮助用户理解数据，但其效果有一定的局限性。特别是当数据尺寸大、结构复杂时，有限的可视化空间大大地限制了静态可视化的有效性。即使用户在解读一个静态的信息图海报时，也常常会靠近或者拉远，甚至旋转海报以便理解，这些动作相当于用户的交互操作。具体而言，交互在如下两个方面让数据可视化更有效：

第一，缓解有限的可视化空间和数据过载之间的矛盾。这个矛盾表现在两个方面：有限的屏幕尺寸不足以显示海量的数据；常用的二维显示平面也对复杂数据的可视化提出了挑战，如多维度数据。交互可以帮助拓展可视化中信息表达的空间，从而解决有限的空间与数据量和复杂度之间的差距。

第二，交互能让用户更好地参与对数据的理解和分析，特别是对于可视分析系统来说，其目的不是向用户传递定制好的知识，而是提供工具和平台来帮助用户探索数据，分析数据价值，得出结论。在这样的系统中，交互是必不可少的。

事实上，组成可视化系统的视觉呈现和交互两部分在实践中是密不可分的。无论哪一种交互技术，都必须和相应的视图结合在一起才有意义，许多交互技术是专门设计并服务于特定视图的，帮助用户理解特定数据。为读者更好地理解和使用交互技术，接下来对常用的几种交互技术进行介绍。

（二）交互技术的任务类型

从设计可视化系统的角度出发，研发人员通常根据整个系统要完成的用户任务来选择交互技术。对于不同的应用领域，可视化要完成的任务和达到的目的也不同。一个比较全面的分类包括如下七大类的交互任务：

第一，选择：当数据以纷繁复杂多变之姿呈现在用户面前时，此种方式能使用户标记其感兴趣的部分以便跟踪变化情况。

第二，导航：导航是可视化系统中最常见的交互手段之一。当可视化的数据空间较大时，可通过缩放、平移、旋转这三种操作对空间的任意位置进行检索，展示不一样的信息。

第三，重配：为用户提供观察数据的不同视角，常见的方式有重组视图、重新排列等，克服由于空间位置距离过大导致的两个对象在视觉上关联性降低的问题。

第四，编码：交互式地改变数据元素的可视化编码，如改变颜色、更改大小、改变方向、更改字体、改变形状等，或者使用不同的表达方式以改变视觉外观，可以直接影响用户对数据的认知，从而使用户更深刻地理解数据。

第五，抽象/具象：此交互技术可以为用户提供不同细节等级的信息，用户可通过交互控制显示更多或更少的数据细节。例如，上卷下钻技术，可以达到浏览各个层次级别细节信息的目的。

第六，过滤：通过设置约束条件实现信息查询，通过用户输入的关键词呈现给用户相应的过滤结果，动态实时地更新过滤结果，以达到过滤结果对条件的实时响应，从而加速信息获取效率。

第七，关联：此技术被用于高亮显示数据对象间的联系，或者显示与特定数据对象有关的隐藏对象，可以对同一数据在不同视图中采用不同的可视化表达，也可以对不同但相关联的数据采用相同的可视化表达，让用户可以在不同的角度和不同的显示方式下观察数据。

综上所述，交互分类的方法有很多，可以根据各自依据和适用的情况，选择合适的交互方法。

五、数据可视化的实现工具

数据可视化旨在借助图形化手段，清晰有效地传达与沟通信息，可以将数据的各个属性以多维数据的形式表示，使用户可以从不同的维度观察数据，从而对数据进行更深入的观察和分析。下面主要介绍实现数据可视化的常用工具。

（一）ECharts

ECharts 是一个使用 JavaScript 实现的开源可视化库，可以流畅地运行在 PC 和移动设备上，是一个供给直观、交互丰富、可高度个性化定制的数据可视化图表。

Echarts 可以提供常规的折线图、柱状图、散点图、饼图、K 线图，用于统计的盒形图，用于地理数据可视化的地图、热力图、线图，用于关系数据可视化的关系图、treemap、旭日图，用于多维数据可视化的平行坐标，还有用于 BI 的漏斗图、仪表盘，并且支持图与图之间的混搭。除了已经内置的包含丰富功能的图表，ECharts 还提供自定义系列，只需要传入一个 renderitem 函数，就可以从数据映射到任何用户想要的图形，这些还能和已有的交互组件结合使用，而不需要操心其他事情。

1. Echarts 的适用场景

（1）基于业务系统或大数据系统完成数据处理/分析后的结果数据展现。

（2）在 Web 页面嵌入 HTML 及 JS 的应用。

（3）拥有丰富的图例和在线示例教程。

2. Echarts 的使用教程

（1）获取 ECharts。Echarts 的获取方式：①从官网下载界面选择需要的版本下载，根据开发者功能和存储空间上的需求，官网提供不同打包的下载，如果用户在存储空间上没有要求，可以直接下载完整版本。开发环境建议下载源代码版本，其包含了常见的错误提示和警告；②在 ECharts 的 GitHub 上下载最新的 release 版本，在解压出来的文件夹的 dist 目录里可以找到最新版本的 ECharts 库；③引入 cdn，用户可以在 cdnjs、npmcdn 或者国内的 bootcdn 上找到 ECharts 的最新版本。

（2）引入 ECharts。ECharts 的引入方式十分简便，只需要像普通的 JavaScript 库一样用 Script 标签引入。

（3）绘制一个简单的图表：①在绘图前为 ECharts 准备一个具备宽高的 DOM 容器；②通过 echarts.init 方法初始化一个 echarts 实例，并通过 setOption 方法生成一个简单的柱状图。

（二）Plotly

Plotly 是一个非常著名且强大的开源数据可视化框架，它通过构建基于浏览器显示的 web 形式的可交互图表来展示信息，可创建多达数十种精美的图表和地图，可以供 JS、Python、R、DB 等使用，下面以 Python 为开发语言，以 jupyternotebook 为开发工具，详细介绍 Plotly 的基础内容。

1. Plotly 的绘图方式

Plotly 绘图模块库支持的图形格式有很多，其绘图对象主要包括：①Angularaxis（极坐标图表）；②Area（区域图）；③Bar（条形图）；④Box（盒形图，又称箱线图、盒子图、箱图）；⑤Candlestick 与 OHLC（金融行业常用的 K 线图与 OHLC 曲线图）；⑥ColorBar（彩条图）；⑦Contour（轮廓图，又称等高线图）；⑧Line（曲线图）；⑨Heatmap（热点图）。

在 Plotly 中绘制图像有在线和离线两种方式，在线绘图需要注册账号并获取 APIkey，较为麻烦。离线绘图有 plotly. offline. plot（）和 plotly. offline. iplot（）两种方式。前者是以离线的方式在当前工作目录下生成 html 格式的图像文件，并自动打开；后者是在 jupyternotebook 中专用的方法，即将生成的图形嵌入 ipynb 文件中，这里采用后一种方式。

plotly. offline. iplot（）的主要参数如下：

（1）figure_ or_ data：传入 plotly. graph_ objs. Figure、plotly. graph_ objs. Data、字典或列表构成的、能够描述一个 graph 的数据。

（2）show_ link：bool 型，用于调整输出的图像是否在右下角带有 plotly 的标记。

（3）link_ text：str 型输入，用于设置图像右下角的说明文字内容（当 show_ link = True 时），默认为"Exporttoplot, ly"。

（4）image：str 型或 None，控制生成图像的下载格式，有"png"，"jpeg"，"svg"，"webp"，默认为 None，即不会为生成的图像设置下载格式。

（5）filename：str 型，控制保存的图像的文件名，默认为"plot"。

（6）image_ height：int 型，控制图像高度的像素值，默认为 600。

（7）image_ width：int 型，控制图像宽度的像素值。

2. 定义 graph 对象

Plotly 中的 graph_ objs 是 Plotly 下的子模块，用于导入 Plotly 中的所有图形对象，在导入相应的图形对象之后，便可以根据需要呈现的数据和自定义的图形规格参数来定义一个 graph 对象，再输入 plotly. offline. iplot （） 中进行最终的呈现。

3. 构造 traces

根据绘图需求从 graph_ objs 中导入相应的 obj 之后，接下来的事情是基于待展示的数据，为指定的 obj 配置相关参数，这在 Plotly 中称为构造 traces。一张图中可以叠加多个 trace。

思考与练习

1. 依据分类的结果，分类分析可以分为哪几种类型？

2. 在聚类分析中，划分聚类的方法是什么？

3. 数据可视化的形式包括哪些内容？

第六章 人工智能技术基础

第一节 概念与知识表示

一、概念表示

对于人工智能来说，知识是最重要的部分。知识由概念组成，概念是构成人类知识世界的基本单元。人们借助概念才能正确地理解世界，与他人交流，传递各种信息。如果缺少对应的概念，将自己的想法表达出来是非常困难甚至是不可能的。能够准确地使用各种概念是人类一项重要且基本的能力。鉴于知识自身也是一个概念，因此，要想表达知识，能够准确表达概念是先决条件。

要想表示概念，必须将概念准确定义。从古至今，人们一直在研究定义一个概念。1953 年以前，一般认为概念可以准确定义，而有些缺少准确定义的概念仅仅是由于人们研究不够深入、没有发现而已。遵循这样信念的概念定义，可以称为概念的经典理论。直到1953 年维特根斯坦①《哲学研究》的发表，使得上述信念被证伪，即不是任何概念都可以被精确定义。比如，许多日常生活中使用的概念（如猫、狗等）并不能被精确定义。这极大地改变了人们对概念的认识。在经典概念定义不一定存在的情况下，概念的原型理论、样例理论和知识理论先后被提出。下面将依次介绍这些理论。

（一）经典概念理论

所谓概念的精确定义，就是可以给出一个命题，亦称概念的经典定义方法。在这样一种概念定义中，对象属于或不属于一个概念是一个二值问题，对象要么属于这个概念，要么不属于这个概念，二者必居其一。一个经典概念由三部分组成，即概念名、概念的内涵

---

① 路德维希·约瑟夫·约翰·维特根斯坦（Ludwig Josef Johann Wittgenstein，1889 年 4 月 26 日—1951 年 4 月 29 日），是 20 世纪最有影响力的哲学家之一，其研究领域主要在数学哲学、精神哲学和语言哲学等方面。

表示、概念的外延表示。

概念名由一个词语来表示，属于符号世界或者认知世界。

概念的内涵表示用命题来表示，反映和揭示概念的本质属性，是人类主观世界对概念的认知，可存在于人的心智之中，属于心智世界。所谓命题，就是非真即假的陈述句。

概念的外延表示由概念指称的具体实例组成，是一个由满足概念的内涵表示的对象构成的经典集合。概念的外延表示外部可观可测。

经典概念大多隶属于科学概念，比如，偶数、英文字母属于经典概念。

偶数的概念名为偶数。偶数的内涵表示的命题为：只能被 2 整除的自然数。偶数的外延表示为经典集合 $\{0, 2, 4, 6, 8, 10, \cdots\}$。

英文字母的概念名为英文字母。英文字母的内涵表示的命题为：英语单词里使用的字母符号（不区分字体）。英文字母的外延表示为经典集合 $\{a, b, c, d, e, f, g, h, i, j, k, l, m, n, o, p, q, r, s, t, u, v, w, x, y, z\}$。

经典概念在科学研究、日常生活中具有极其重要的意义。如果限定概念都是经典概念，则既可以使用其内涵表示进行计算，即所谓的数理逻辑，也可以使用其外延表示进行计算（对应着集合论）。

（二）概念的现代表示理论

不是所有的概念都具有经典概念表示。概念的经典理论假设概念的内涵表示由一个命题表示，外延表示由一个经典集合表示，但是对于日常生活里使用的概念来说，这个要求过高，比如常见的概念如人、勺子、美、丑等就很难给出其内涵表示或者外延表示。人们很难用一个命题来准确定义什么是人、勺子、美、丑，也很难给出一个经典集合将对应着人、勺子、美、丑这些概念的对象一一枚举出来。命题的真假与对象属不属于某个经典集合都是二值假设，非 0 即 1，但现实生活中的很多事情难以以这种方式计算。

著名的"秃子悖论"可以清楚地说明这一点。所谓"秃子悖论"是一个陈述句：比秃子多一根头发的人也是秃子。如果假设"秃子"这个概念是经典概念，那么运用经典推理技术，从"头上一根头发也没有的人是秃子"这个基准论断出发，经过 10 万次推理，就可以推断出"一个人即使有 10 万根头发也是秃子"。显然，这是一个荒谬的结论，因为一个成年人正常也就有 10 万根头发。显然，"秃子"属于经典概念这个假设并不正确。

在 1953 年出版的《哲学研究》里，通过仔细剖分"游戏"这个概念，维特根斯坦对概念的内涵表示的存在性提出了严重质疑，明确指出假设并不正确：所有的概念都存在经典的内涵表示（命题表示）。现代认知科学是这一观点的支持者，认为各种生活中的实用概念如人、猫、狗等都不一定存在经典的内涵表示（命题表示）。

但是，这并不意味着概念的内涵表示在没有发现时，该概念就不能被正确使用。实际上，人们对于日常生活中的概念应用得很好，但是其相应的内涵表示不一定存在。为此，认知科学家提出了一些新概念表示理论，如原型理论、样例理论和知识理论。

原型理论认为一个概念可由一个原型来表示。一个原型既可以是一个实际的或者虚拟的对象样例，也可以是一个假设性的图示性表征。通常，假设原型为概念的最理想代表。比如"好人"这个概念很难有一个命题表示，但在中国，好人通常用雷锋来表示，雷锋就是好人的原型。又比如，对于"鸟"这个概念，成员一般具有羽、卵生、有喙、会飞、体轻等特点，麻雀、燕子都符合这个特点，而鸵鸟、企鹅、鸡、家鸭等不太符合鸟的典型特征。显然，麻雀、燕子适合作为鸟的原型，而鸵鸟、企鹅、鸡、家鸭等不太适合作为鸟的原型，虽然其也属于鸟类，但不属于典型的鸟类。因此，在原型理论里，同一个概念中的对象对于概念的隶属度并不都是1，会根据其与原型的相似程度而变化。在概念原型理论里，一个对象归为某类而不是其他类仅仅因为该对象更像某类的原型表示而不是其他类的原型表示。

在日常生活中，这样的概念很多，如秃子、美人、吃饱了等。在以上这些概念中，概念的边界并不清晰，严格意义上来说其边界是模糊的。正是注意到这一现象，扎德于1965年提出了模糊集合的概念，其与经典集合的主要区别在于对象属于集合的特征函数不再是非0即1，而是一个不小于0、不大于1的实数。据此，基于模糊集合发展出模糊逻辑，可以解决秃子悖论问题。

但是，要找到概念的原型也不是简单的事情。一般需要辨识属于同一个概念的许多对象，或者事先有原型可以展示才可能。但这两个条件并不一定存在。特别是20世纪70年代儿童发育学家通过观察发现，一个儿童只需要认识同一个概念的几个样例，就可以对这几个样例所属的概念进行辨识，但其并没有形成相应概念的原型。据此，又提出了概念的样例理论。

样例理论认为概念不可能由一个对象样例或者原型来代表，但是可以由多个已知样例来表示。理由是，一两岁的婴儿已经可以正确辨识什么是人、什么不是人，即可以使用"人"这样的概念了。但是一两岁的婴儿接触的人的个体数量非常有限，其不可能形成"人"这个概念的原型。这实际上与很多人的实际经验也相符。人们认识一个概念，比如认识"一"这个字，显然，只可能通过有限的这个字的样本来认识，不可能将所有"一"这个字的样本都拿来学习。在样例理论中，一个样例属于某个特定概念 A 而不是其他概念，仅仅因为该样例更像特定概念 A 的样例表示而不是其他概念的样例表示。在样例理论里，概念的样例表示通常有三种不同形式：由该概念的所有已知样例来表示；由该概念的已知最佳、最典型或者最常见的样例来表示；由该概念的经过选择的部分已知样例来表示。

认知科学家发现在各种人类文明中都存在颜色概念，但是具体的颜色概念各有差异，并由此推断出单一概念不可能独立于特定的文明之外而存在，由此形成了概念的知识理论。知识理论认为，概念是特定知识框架（文明）的一个组成部分。但是，不管怎样，认知科学总是假设概念在人的心智中是存在的。概念在人心智中的表示称为认知表示，其属于概念的内涵表示。

不同的概念具有不同的内涵表示，可能是命题表示，可能是原型表示，可能是样例表示，也可能是知识表示，当然也可能存在不同于以上的认知表示。对于一个具体的概念，到底是哪一种表示，需要根据实际情况具体研究。

二、知识表示

世界上任何学科均有其特定研究对象，对人工智能学科而言也是如此。人工智能学科的研究对象是知识，对它的研究都是围绕知识而展开的，如知识的概念、知识的表示、知识的组织管理、知识的获取、知识的应用等，它们构成了整个人工智能的研究内容。

知识是需要表示的，为了表示方便，一般采用形式化的表示，并且具有规范化的表示方法，这就是知识表示。在人类智能中知识蕴藏于人脑中，但在人工智能中需要用知识表示的方式将知识表示出来，以便于对它讨论与研究。知识表示就是用形式化、规范化的方式对知识进行描述。其内容包括一组事实、规则以及控制性知识等，部分情况下还会组成知识模型。

常用的知识表示方法包括产生式表示法、谓词逻辑表示法、状态空间表示法、知识图谱表示法。

（一）产生式表示法

产生式表示法，使用类似于文法的规则，对符号串作替换运算。产生式系统结构方式可用以模拟人类求解问题时的思维过程。

产生式表示法是人工智能中最常见的一种表示法。当给定的问题要用产生式系统求解时，要求能掌握建立产生式系统形式化描述的方法，所提出的描述体系具有一般性。

产生式表示法目前有两种表示知识的方法，它们是事实与规则，其中事实表示对象性质及对象间的关系，是指对问题状态的一种静态度描述，而规则是事实间因果联系的动态表示。

1. 产生式表示法的知识组成

产生式表示法的知识由事实与规则组成，它也可以表示部分元知识。

（1）事实表示。产生式中的事实表示有性质与关系两种表示法，具体如下：

第一，对象性质表示。对象性质可用一个三元组表示：（对象，属性，值）。它表示指定对象具有指定性质的某个指定值，如（牡丹花，颜色，红）表示牡丹花是红色的。

第二，对象间关系表示。对象间关系可用一个三元组表示：（关系，对象1，对象2）。它表示指定两个对象间具有指定的某个关系，如（父子，王龙，王晨）表示王龙与王晨间是父子关系。

一个给定问题的产生式系统可组成一个事实集合体称为综合数据库。

（2）规则表示。规则是事实间因果联系的动态表示。产生式规则的一般形式为：If P then Q。其中，前半部 P 确定了该规则可应用的先决条件，后半部 Q 描述了应用这条规则所采取的行动得出的结论。一条产生式规则满足了应用的先决条件 P 之后，就可用规则进行操作，使其发生变化产生结果 Q。

一个给定问题的产生式系统可组成一个规则集合体称为规则库。

2. 产生式表示法与知识

第一层：产生式表示中的对象。它给出了知识中的对象。

第二层：产生式表示中的事实。它给出了知识中的事实。

第三层：产生式表示中的操作。它给出了知识中的规则。

第四层：产生式表示中的知识可设置约束。它给出了元知识。

3. 产生式表示法的评价

产生式表示法是目前人工智能中最常见的一种表示法，它在表示上有很多优点：

（1）知识表示的完整性。可以用产生式表示知识体系中全部四个部分：①用产生式中的对象表示知识中的对象；②用产生式中的事实表示知识中的事实；③用产生式中的规则表示知识中的规则；④用产生式表示知识中的部分元知识。此外，用产生式表示的知识以确定性知识为主，但也在一定程度上可以表示非确定性知识。

（2）表示规则简单、易于使用。用产生式方法表示知识无论是对象、事实、规则都很简单，因此易于掌握使用。产生式方法表示知识也存在一定的不足，主要是：①无法表示复杂的知识。用产生式方法表示的知识比较简单，适用于一般知识体系的表示，但对复杂知识的表示有一定的难度，如对嵌套性、递归性知识的表示，多种形式规则的组合表示等，都存在一定困难，这是它在表示上的不足之处。②演绎性规则。用产生式方法所表示的规则仅限于演绎性规则，它无法表示归纳性规则。这也是它在表示上的另一个不足之处。

（二）谓词逻辑表示法

谓词逻辑表示法是采用数理逻辑中的符号逻辑表示知识的方法，这是一种典型的符号主义知识表示法，它能表示知识中的对象、事实、规则及元知识。

1. 谓词逻辑表示的概念

谓词逻辑有以下六个基本概念：

（1）个体：个体是客观世界中存在的独立物体，它是谓词逻辑中的最基本单位，例如：1，2，3，…等自然数；张三、李四等个人。它可用 a，b，c；x，y，z…等表示。个体有变量与常量之分，个体变量有变化范围称为个体域。

（2）函数与项：个体可以转换成另一个体，这种转换称为函数，函数可用 f、g、h 等表示。如个体 x 可通过函数 f 转换成个体 y，它可表示为：$y = f(x)$。而个体及由函数所生成的个体统称为项。因此项也是个体，但是是一种个体的扩充。

（3）谓词：谓词表示个体之间的关系。如兄弟关系可用 $P(x, y)$ 表示，其中，P 表示谓词"兄弟"，x，y 是个体变量，其个体域为"人"的集合。谓词是有值的，它或为 T（表示真），或为 F（表示假）。在兄弟关系中，如 x，y 分别为张彪、张虎。此时如果他们为兄弟，则有 P（张彪，张虎）= T；如不为兄弟，则有 P（张彪，张虎）= F。谓词中仅有一个个体称为一元谓词，有两个个体称为二元谓词。推而广之，有 n 个个体则称为 n 元谓词。一元谓词 $P(x)$ 表示 x 的性质；二元谓词 $P(x, y)$ 表示 x 与 y 间的关系；n 元谓词 $P(x_1, x_2, \cdots, x_n)$ 则表示 x_1，x_2，$\cdots$，x_n 这 n 个个体间的关系。

（4）量词：谓词的值是不定的，它随个体的变化而变化。例如：兄弟关系 $P(x, y)$ 中，P（张彪，张虎）= T；但 P（张三，李四）= F。因此，谓词的值与个体域有关。它一般有两种：一种为个体域中存在个体使谓词的值为 T；另一种是个体域中所有个体使谓词的值为 T。这样，由个体域与谓词的值所建立起来的关系称为量词，其中，前一种称为存在量词，后一种称为全称量词。设有谓词 $P(x)$，则存在量词可表示为：$\exists x(P(x))$；全称量词可表示为：$\forall x(P(x))$。加了量词后的谓词的值就是确定的了。

（5）命题：能分辨真假的语句称为命题。命题一般可用 P、Q、R 等表示。命题有值 T 或 F，它称为命题的真值，上面所讲的谓词及带有量词的谓词均为命题。命题有常量与变量之分。

（6）命题联结词：命题可以通过命题联结词（简称联结词）建立一种新的命题，常用联结词有 5 个。

"并且"联结词：命题 P 与 Q 的"并且"可以用 $P \wedge Q$ 表示，称 P 与 Q 的合取式。

"或者"联结词：命题 P 与 Q 的"或者"可以用 $P \vee Q$ 表示，称 P 与 Q 的析取式。

"否定"联结词：命题 P 的"否定"可以用 $\neg P$ 表示，称 P 的否定式。

"蕴含"联结词：命题 P 与 Q 的"蕴含"可以用 $P \rightarrow Q$ 表示，称 P 与 Q 的蕴含式。

"等价"联结词：命题 P 与 Q 的"等价"可以用 $P \leftrightarrow Q$ 表示，称 P 与 Q 的等价式。

2. 谓词逻辑公式

在谓词逻辑中有了基本概念后就可构造谓词逻辑公式。

定义 1：原子公式。

（1）设 P 是谓词符，t_1，t_2，…，t_n 为项，则 P（t_1，t_2，…，t_n）是原子公式。

（2）设 R 是命题，则 R 是原子公式。

定义 2：谓词逻辑合式公式（亦可简称谓词逻辑公式或公式）。

（1）原子公式是公式。

（2）如 A，B 是公式，则是 $(\neg A)$，$(A \vee B)$，$(A \wedge B)$，$(A \rightarrow B)$，$(A \leftrightarrow B)$ 公式。

（3）如 A 为公式，x 为个体变量，则（$\forall x A$），（$\exists x A$）为公式。

（4）公式由且仅由有限次使用上述三条设定而得。

定义 2 中（2）、（3）处所出现的括号可按一定的方法省略，但量词的辖域中仅出现一个原子公式时其辖域的括号可省略，否则不能省略。

3. 谓词逻辑公式的解释

在谓词逻辑中，公式是一个符号串，必须给予具体的解释。所谓解释就是给公式中的个体变量指定一个具体的个体域 D，个体常量指定个体域中的一个具体个体，对 n 元函数 f 指定一个具体的从 D^n 到 D 的映射，对命题 R 指定一个 $E = \{F, T\}$ 中的值，对 m 元谓词 P 指定一个具体的从 D^m 到 $\{F, T\}$ 的映射。

一个公式经解释后才有具体的意义，即可确定其真假。

4. 谓词逻辑永真公式

公式一经给出解释就成为确定的了，此时即能分辨其真假。以此为基础就能研究公式的永真性问题。

定义 3：公式 A 如至少在一种解释下有一个赋值使其为真，则称 A 为可满足的。

定义 4：公式 A 在所有解释下的所有赋值均使其为真，则称 A 为永真，或称 A 为永真公式。

定义 5：公式 A 在所有解释下的所有赋值均使其为假，则称 A 为永假，或称 A 为永假公式。

5. 用谓词逻辑表示知识

（1）事实性知识。可以用带解释的谓词逻辑公式表示知识。这种知识表示个体性质及个体间关系，因此是事实性知识。

（2）规则性知识。谓词逻辑中的推理可表示为规则性知识，它共有 18 条规则，是古希腊时期由亚里士多德所开创的以研究思维外延规律的形式逻辑中的基本性规则，这是常识性规则。而由普通蕴含公式在局部范围为真（即可满足公式）所得到的推理也是规则，这是领域性规则。

6. 谓词逻辑知识表示评价

（1）知识表示的完整性。谓词逻辑知识表示可以表示知识体系中全部四个部分：①用谓词逻辑公式中的个体及项表示知识中的对象；②用谓词逻辑公式表示知识中的事实；③用谓词逻辑规则表示知识中的规则；④用谓词逻辑表示知识中的部分元知识。

此外，谓词逻辑知识表示还可以表示常识性知识与领域性知识。

因此用谓词逻辑表示知识是比较全面和完整的。

（2）形式化与符号化。由于谓词逻辑采用数学方法，具有高度形式化与符号化，因此所表示的知识具有高度逻辑上的严密性与正确性，且可借助数学方法有利于知识的获取与使用。

谓词逻辑表示虽具有体系上的完整性，但是也存在一定的不足，主要是：①确定性知识，用谓词逻辑所表示的知识都是确定性知识，它不能表示非确定性知识，这是它在表示上的一个不足之处。②演绎性规则，用谓词逻辑所表示的规则仅限于演绎性规则，它无法表示归纳性规则。这也是它在表示上的另一个不足之处。

（三）状态空间表示法

状态空间表示法是知识表示中比较常用的方法。此方法是问题求解中通过在某个可能的解空间内寻找一个求解路径的一种表示方法。

1. 状态空间的表示

在状态空间表示法中，用"状态"表示事实，用"操作"表示规则。

（1）状态：状态是该表示法中的事实表示，有 $S = \{S_0, S_1, \cdots, S_n\}$ 的形式。其中，

S 表示状态。每个状态有 n 个分量，称为状态变量。对每一个分量都给予确定的值时，就得到了一个具体的状态。一般而言状态是有一定条件约束的。

（2）操作：操作是从一种状态变换为另一种状态的一种动态行为，又称算符，是该表示法中的规则表示。一般而言这种变换是有一定条件约束的。操作的对象是状态，在操作使用时，它将引起该状态中某些分量值的变化，从而使得状态产生变化，从一种状态变为另一种状态。因此操作也可视为状态间的一种关联。

（3）状态空间：状态空间用于描述一个问题的全部状态及这些状态之间的相互关系。状态空间可用一个三元组 (S, F, G) 表示。其中，S 为问题的所有初始状态的集合；F 为操作的集合，用于把一个状态转换为另一个状态；G 为 S 的一个非空子集，为目标状态的集合。

状态空间也可以用一个带权的有向图来表示，该有向图称为状态空间图。在状态空间图中，结点表示状态，有向边表示操作，而整个状态空间就是一个知识模型。

2. 状态空间与知识表示

状态空间表示可分为以下五层：

第一层：状态分量。它给出了知识中的对象。

第二层：状态。状态由状态分量组成，它给出了知识中的事实。

第三层：状态的操作。状态的操作建立了由一种状态到另一种状态的变换，它是状态空间中的动态行为，它给出了知识中的规则。

第四层：状态与其操作均可设置约束。它给出了元知识。

第五层：状态空间。它给出了知识模型。

3. 状态空间表示法的评价

状态空间表示法是目前人工智能中常见的一种表示法，它在表示上有很多优点，具体如下：

（1）知识表示的完整性。可以用状态空间表示知识体系中全部四个部分：①用状态空间中的对象表示知识中的对象；②用状态空间中的状态表示知识中的事实；③用状态空间中的操作表示知识中的规则；④用状态空间表示知识中的部分元知识，如约束性知识。

（2）表示简单、易于使用。用状态空间方法表示知识无论是对象、事实、规则都很简单，因此易于掌握使用。状态空间方法表示知识也存在一定的不足，主要包括：①适合于知识获取中的搜索策略，无法表示复杂的知识。状态空间表示法目前主要应用于知识获取中的搜索策略，同时它的知识表示结构简单，适用于一般知识体系的表示，对复杂知识的表示有一定的难度。②演绎性规则。用状态空间方法所表示的规则仅限于演绎性规则。这也是它在表示上的另一个不足之处。

（四）知识图谱表示法

知识图谱是一种适用于网络环境的知识表示方法。这种方法非常简单，其重点在于描述客观世界中实体间的关系。其中基本单元是实体，实体间有关系与属性（是一种特殊关系），属性表示实体与另一实体间的一种性质关联，而关系则建立两个实体间的某种语义关联。例如某学生，他是一个实体，他有学号、姓名、年龄、性别等，这些都是他的属性。这个学生实体通过他的属性建立该实体的性质描述。同时一个实体还可通过关系建立与该实体有关联的其他实体。例如某学生，他除了有属性外，还有与他有关联的其他实体，这可用关系表示，如他与父母（实体）之间的关系，他与同学（实体）之间的关系，等等。

在一个知识体系中有多个实体，而每个实体又有多个属性与关系，它们之间相互关联，组成了一个语义相关的网络。

1. 知识图谱表示

知识图谱表示法中的知识的基本单元是实体，实体间由关系与属性（是一种特殊关系）两种关联组成，它们可用三元组表示。

（1）属性表示。实体属性可用一个三元组表示：（属性，实体1，实体2）。它表示指定实体1具有指定性质的实体2作为指定值，如（颜色，牡丹花，红）表示牡丹花是红色的。

（2）关系表示。实体间关系可用一个三元组表示：（关系，实体1，实体2）。它表示指定两个实体间具有指定的某个关系，如（父子，王龙，王晨）表示王龙与王晨间是父子关系。

知识图谱表示方法也可用一种基于有向图的知识表示方法，它由结点（Point）和边（Edge）组成。在知识图谱里，每个结点表示现实世界中存在的"实体"，每条边为实体与实体之间的"关系"。知识图谱是关系的最有效的表示方式。知识图谱就是把所有不同实体连接在一起而得到的一个关系网络。知识图谱提供了从"关系"的角度去分析问题的能力。

在知识图谱中，每个实体有一个唯一的标识符，其属性用于刻画实体的特性，实际上属性也是一种实体，它也可用关系来连接两个实体，以表示它们之间的性质刻画关联。

2. 知识图谱与知识表示

知识图谱表示法虽然简单，但它保留了知识体系中的大部分内容，如下：

第一层中的个体可用知识图谱中的实体表示。

第二层中的事实可用知识图谱中的属性表示。

第三层中的规则可用知识图谱中的关系表示。

3. 知识图谱表示法的评价

知识图谱是在互联网与大数据时代的知识表示方法，它具有明显的当代先进技术需求的特点，此表示法主要用来优化现有的网络搜索引擎，同时也方便网上海量数据分布式组织与存储。因此知识图谱具有明显的优点与缺点。

（1）知识图谱表示法的优点包括：①表示简单。知识图谱仅有实体与关系两个概念，通过这两个概念可以建立众多实体间错综复杂的关系，并组织成一个基于海量数据的庞大知识体间相互关联的网络。②针对性强。知识图谱表示法主要针对互联网上分布式并行数据的组织与存储以及建立在其上的海量数据的搜索及应用。知识图谱虽然表示简单，但有表示对象、事实与规则等基本知识的能力。③体系完整。知识图谱表示法由于创立于著名互联网企业，并在网上得到一致的认同与使用，具有完备的开发、使用工具与操作使用经验，因此这种表示法从理论、工具、开发使用及操作经验等上、中、下游均构成完整的体系。

（2）知识图谱表示法的缺点包括：①表示能力不足。由于知识图谱表示法针对性强，对互联网上的海量知识表示与推理具有优越性，但对其他领域的应用有不少的欠缺。同时它的表示太过简单，不适用于描述复杂结构知识的表示。②确定性知识。知识图谱表示法适用于确定性知识的表示，不能表示非确定性知识。同时对元知识表示能力不足。

第二节　知识图谱与推理

一、知识图谱

自 21 世纪以来，计算机网络及互联网的发展给人工智能带来了新的生机，其中之一就是利用互联网中海量数据用一种简单的表示方法将其直接改造成知识，这就是知识图谱表示的方法。知识图谱已成为当前较为流行的知识表示方法，同时它还带动了知识工程与专家系统，使它们的发展重获新生，成为新一代人工智能的一个主要标志。

用知识图谱获取知识的方法，其主要思想是充分利用互联网中的海量数据资源，注入语义信息后将其改造成为知识。这种方法可以用简单的手段，快速、自动获得大量知识，从而使知识获取自动生成，非常方便、有效。

（一）知识图谱中的知识获取方法

1. 互联网中的数据

讨论知识图谱中的知识获取，需要先从互联网中的数据谈起。它一般有结构化数据、半结构化数据及非结构化数据三种，在网络中它们主要表现为 Web、关系数据库、文本、图像、语音的形式，其间的关系如下：

（1）结构化数据。在网络中结构化数据主要表现为关系数据库及部分 Web 数据。由于结构化数据的规范性，因此这种数据的知识化较为容易。

（2）半结构化数据。在网络中半结构化数据主要表现为 Web 数据。由于半结构化数据的规范性不足，因此这种数据的知识化较为困难。

（3）非结构化数据。在网络中非结构化数据主要表现为 Web 数据、文本、图像、语音的形式。由于非结构化数据的规范性不足，因此这种数据的知识化也较困难。

2. 互联网中数据的知识化

为实现互联网中数据的知识化，必须具备以下两个先决条件：

（1）数据的语义化。计算机中的数据是没有语义的，包括互联网上的数据也是如此。例如：数据"18""代代红"即是两个没有任何意义的数据，只有赋予语义后才能成为人们所理解的知识。当 18 赋予饮料价格语义后，就表示为"饮料价格为 18 元"，当代代红赋予饮料品牌语义后，就表示为"代代红饮料品牌"。再进一步，当"饮料价格为 18 元"与"代代红饮料品牌"相关联后就表示："代代红饮料品牌价格为 18 元"。这就成为一种知识了。

因此，数据的知识化的首要条件是数据语义化。

（2）语义的表示。在人工智能中语义是需要用统一、规范的形式表示的，这就是知识表示。在不同条件与不同环境中需用不同的表示方法，而面对网络数据的语义化环境，其表示的最佳方法就是知识图谱，它形式简单，表示的内涵丰富。

有了这两个条件后就可以将网络中的大量数据转换成用知识图谱表示的大量知识。

3. 数据知识化的方法

常用的数据知识化的方法有以下四种：

（1）人工方法。在知识图谱发展的初期，大量的数据知识化方法都是由人工标注的，即用人工手段对数据标注语义，并最终获得用知识图谱表示的知识。如维基百科的生成即是大量的专业人士及网上志愿者群体用人工方法完成的。

（2）自动方法。随着人工智能技术的发展，特别是机器学习的发展，对网络中的网页、文本数据及数据库数据使用抽取、分类、聚类及关联等多种方法，获取数据中的语义，并用知识图谱表示。它们可以用工具方法自动完成。目前常用的就是这种方法，它们构成了知识图谱方法推理引擎的主体部分。

（3）融合方法。目前尚有一种常用的方法是直接使用网络上现有的知识图谱，对它们作抽取与重组再适当增补从而可以融合成新的知识图谱。这也是一种自动完成的方法，但比较简单、有效。在这方面，维基百科起到了关键性的作用。由于它是网络上第一个系统、完整的知识图谱，因此接下来的几个知识图谱都是建立在它的基础上的。目前，在网络上已有更多的知识图谱，充分利用它们已建立的知识进行融合已成为当前一种主要的流行方法。这种方法也构成了知识图谱方法推理引擎的一部分。

（4）推理方法。除了上面这三种方法以外，还有一种辅助性的方法，就是推理方法。在网络上组成的知识图谱实际上都是知识库。对知识库可以作演绎性推理，以获得更多的知识。由于在知识图谱方法中并没有推理的功能，因此这种推理可使用谓词逻辑中的知识推理方法实现。这种推理方法在知识图谱方法中对知识库起到了知识补缺的作用。此外，在知识图谱的应用中，推理还可用于自动问答与自动推荐中。

上面四种方法组成了完整的基于知识图谱的知识库，而其中大量使用由计算机编程所得的软件工具，它们都是知识获取的知识引擎。

4. 自动方法的实现

在四种数据知识化的方法中，主要以自动方法为主，简单介绍其实现。

（1）结构化数据。网络中的结构化数据主要是关系数据库及网页中的表格数据。这些数据都有规范的结构模板，它们都带有语义，一般称为模式。以关系数据库为例。在关系数据库中有一个数据字典，它存放数据库中的带语义的数据模式。知识图谱中的实体与关系都可通过它获得。其中"实体"即是关系数据库实体表中的实例及相应属性值。一元关系"属性"即是实例与其中的属性值间的关系，而二元关系"关系"即是关系数据库联系表中的实例。

（2）非结构化数据。非结构化数据即是网页中的文本数据。这种数据的知识化较为困难，它需要使用自然语言理解中的词法分析、句法分析、语义分析等多种方法，涉及的人工智能知识包括抽取、分类及关联等多种方法。其过程分为以下三个步骤：

第一，实体识别：使用自然语言理解中的词法分析，从文本中找出实体。

第二，实体消歧：往往形式相同的实体但有不同语义，因而实际上是两个实体。如"特种兵"既可以是一种"兵种"，也可以是一种椰汁饮品的"品牌"等，因此需要通过聚类方法实现实体消歧，所得到的实体是唯一的。

第三，关系抽取：实体进行分类、关联，实现了实体的一元属性抽取以及两个实体间的二元关系抽取。

（3）半结构化数据。半结构化数据是存在于网页中那些较为灵活结构的数据。它介于结构化数据与非结构化数据之间，因此所用数据的知识化方法也是根据情况而定，对结构化较强的数据采用结构化数据的知识化方法，即固定模板方法，而对文本性较强的数据则采用非结构化数据的知识化方法，即机器学习方法。

（二）著名的知识图谱介绍

目前知识图谱已经是人工智能应用中最基础的知识资源。近几年来，互联网中已有多种不同的知识图谱，它们为人工智能应用提供了最为基本的知识资源支持。下面就知识图谱分类以及各分类中著名的知识图谱作介绍。

1. 知识图谱分类

（1）按性质分类。按性质可以将知识图谱分为以下类型：

通用的百科类知识图谱：如维基百科、百度百科等多种具有广泛知识内容的知识图谱。它们应用广泛，使用范围广。

领域类的知识图谱：一些专业性强、具有一定专业领域的知识图谱，如法律知识、金融知识等。

场景类的知识图谱：一些背景性知识，如申请贷款的办理流程知识、出国申办护照的手续等。

语言类的知识图谱：这是一些与语言有关的知识，如"分享"的英文表示为"share"，"余与我有相同含义"等。

常识类的知识图谱：一些为人们公认的知识，如"人有两条腿""天下乌鸦一般黑"等。

（2）按层次分类。按知识图谱获取技术水平的先后可分为以下三个层次：

第一层：它是最早期、最原始的以直接的方式从互联网上得到的知识图谱。以专业人员及大量志愿者群体以手工方式获取为主。

第二层：它是建立在以原始层为主的知识图谱上通过融合重组而成的，并辅以人工/自动获取手段。

第三层：随着人工智能与机器学习的发展，自动构建知识图谱的技术也日趋成熟，因此接下来的层次就是以自动工具为主要获取手段的知识图谱。

2. 著名知识图谱

知识库（包括知识图谱）是人工智能应用的基础，因此在人工智能应用中必须了解目前常用的包括知识图谱在内的知识库的情况。下面介绍若干个著名的知识图谱（包括少量的非知识图谱知识库）。

（1）Cyc。Cyc 是一个历史悠久的知识库，始建于 1984 年，它是一种百科性的常识知识库。用谓词逻辑形式表示，以人工方式搜集整理，包含 50 万个实体与 3 万个关系。其后续的改进版 Open Cyc 包含 24 万个实体与 200 万个关系。同时还有用于推理的规则。近年来开始采用自动构建方法，从网络文本化数据中抽取知识，并与知识图谱资源 WiKipedia 及 DBpedia 等关联，建立了与它们之间的链接。

（2）ConceptNet。ConceptNet 是一个开放的、多语言的语言类的知识图谱，主要用于描述对多种语言的单词意义的理解。目前主要应用于自然语言理解的领域中。

（3）YAGO。YAGO 是由德国开发的大型语义知识图谱知识库。它同时与 WiKipedia 及 WordNet 挂接，大大扩充了知识库的内容。

（4）DBpedia。DBpedia 是由从 WiKipedia 的结构化数据中抽取的知识所组成的百科型知识图谱知识库。它目前共有 95 亿个三元组，并支持 127 种语言。

（5）Freebase。Freebase 是基于 WiKipedia 并再使用群体人工方式的一个百科型知识图谱知识库。它是共有 5813 万个实体及 32 亿个实体关系三元组的知识图谱。它在知识图谱发展的过程中起到重要的作用。

（6）NELL。NELL 是卡耐基梅隆大学所开发的一个"永不停歇"的学习系统。它每天不断执行阅读与学习两大任务，使用机器学习方法获得知识，并用知识图谱形式表示与存储，组成一个知识不断增长的知识库。自 2010 年起开始学习，仅半年后就已获得 35 万个实体关系三元组。这是一个典型的自动以机器学习方法获得知识的知识图谱知识库。目前看来，它是一个研究性质的系统，其实用性有待进一步提高。

（7）Knowledge Vault。Knowledge Vault 是 Google 公司于 2014 年创建的一个大型通用知识图谱知识库。与 Freebase 一样，它也是建立在 WiKipedia 上的，但所采用的辅助知识并不用人工方式而是用基于机器学习的自动方式，对 Freebase 与 YAGO 上的结构化数据集成融合。目前它已收集了超过 16 亿个知识三元组。

（三）知识图谱中的知识存储

目前互联网上布满了各种知识图谱，它们都存储于特定的数据库内，这种数据库都有一定的特色，他们都是互联网上的分布式数据库。这种数据库建立在互联网的多个结点上，呈数据分布式状态，并且是具有图结构形式的数据库。这种图结构可用两种方式表示：一种是三元组方式，另一种是图方式，即结点、边、属性的表示方式。

目前常用的有以下三种：

第一，Freebase。Freebase 是谷歌公司最早开发的一种专用图数据库，它以图结构形式存储，用三元组的数据结构方式。这种结构形式有利于知识的存储，但是不适合知识的查询与检索，因此目前使用已不普遍。

第二，Neo4j。Neo4j 是一个开源的专用图数据库，它改进了 Freebase 的缺点，采用六元组的数据结构，具有图方式，从而使知识的查询效率得到明显的提升，它还有一个完备的知识查询语言，非常适合知识查询与检索。但是它对知识更新的效果较差，因此它是一个适合以查询为主的知识库。

第三，NoSQL。NoSQL 是一种适合大数据的通用数据库标准体系，它有多种适合人工智能应用的数据结构，其中图结构与键值结构特别适合知识图谱的存储与应用，此外它还具有三元组表结构形式。它有完整的数据定义、操纵、查询及控制的功能以及相应的语言体系，操作效率高，适应面广。预计这种数据库将成为今后发展前途较远大的具有语义内容的数据库。此类数据库既是一种数据管理组织机构，同时也兼具知识管理组织机构。基于这种标准体系，目前已开发出若干个相应的数据库，著名的如 Hbase 等。

（四）知识图谱的实际应用

知识图谱目前普遍应用于知识搜索、自动问答及自动推荐等多领域，并且尚有更大的发展空间，如决策支持系统等。这种应用组成了新一代专家系统。这种专家系统是新一代人工智能的重要组成部分。

第一，知识搜索。由于知识图谱是一个知识库，它存储大量知识，用户可以查询所需的知识，由知识图谱中的搜索引擎启动搜索，在获得答案后将它返回给用户。如用户输入"陆汝钤"，此时知识图谱启动对"陆汝钤"这个实体的搜索，在获得"陆汝钤"的相关网页后即输出相应有关"陆汝钤"的信息。

第二，自动问答。自动问答是通过知识图谱中的实体及其间的关系，经过关系的推理而得到答案。如用户输入"代代红价格"，此时知识图谱启动这个实体与关系的搜索，先获得实体"代代红"，接着获得关系：（饮料价格，代代红，18），通过此关系推理即可获得代代红的价格为 18 元。此后即输出此知识："代代红价格为 18 元"。

第三，自动推荐。自动推荐是利用知识图谱中实体间的关系，通过关系向用户推荐除指定实体外的其他相关联的实体作为推荐知识。如用户输入饮料代代红，此时知识图谱启动有关饮料代代红的相关关系，通过这些关系推理，可以获得相关的饮料"可口可乐""百事可乐""椰汁""雪碧"等作为推荐饮料。

二、知识推理

推理方法是一种典型的演绎型知识获取方法，其特色是在获取知识的过程中大量使用规则推理。推理方法以已知知识为前提，通过不断使用推理从而最终获得新知识。推理方法是获取知识的一种最基本的方法，在人类日常思维中、在从事科学研究中都经常使用此种方法。

推理方法是一种符号主义的方法，它是基于人类所认识的思维规律的方法。人类对自身大脑所表现的形式体系已有充分的了解与认识，特别是人类思维的演绎推理。而基于这种理解，就可以用数理逻辑研究人工智能，特别是知识表示与知识推理。尤其是数理逻辑的谓词逻辑特别有用，因此在知识推理中就以谓词逻辑的推理方法进行研究与讨论。

（一）谓词逻辑自然推理

谓词逻辑中的推理方法称为自然推理方法。常用的有三种：永真推理、假设推理与反证推理。

1. 永真推理

永真推理是建立在永真公式、领域知识（即已知条件）及规则基础上的正向推理。

由于永真公式及规则是常识，因此实际上它是建立在领域知识（即已知条件）基础上的正向推理。谓词逻辑中的永真推理方法即是谓词逻辑中的定理证明。证明是一个过程，又称证明过程。证明过程是由已知条件到定理的一种形式化过程的规范描述。一般来讲，证明（过程）是一个公式序列：P_1，P_2，$\cdots$，P_n。

其中，每个 $P_i(i=1, 2, \cdots, n)$ 必须使用下列方法之一：

（1）P_i 是永真公式。

（2）P_i 是已知条件。

（3）P_i 是由 P_k，$P_r(k, r < i)$ 施行分离规则而得。

（4）P_i 是由 $P_k(k < i)$ 施行全称规则（包括 US、UG）而得。

（5）P_i 是由 $P_k(k < i)$ 施行存在规则（包括 ES、EG）而得。

最后，$P_n = Q$ 即为定理。

在证明过程中，每个 P_i 之后必须给出所引入的方法及推理规则。

2. 假设推理

与永真推理一样，在适当修改证明过程后可以建立假设推理及反证推理。这里先介绍假设推理。

假设推理是永真推理中的一种，也是正向推理，有所区别的是，如果所求证的定理具有 $A \rightarrow B$ 的形式，则其证明（过程）是一个公式序列：P_1，P_2，$\cdots$，P_n。

其中，每个 $P_i(i = 1, 2, \cdots, n)$ 必须使用下列方法之一：

（1）P_i 是永真公式。

（2）P_i 是已知条件。

（3）P_i 是 A。

（4）P_i 是由 P_k，$P_r(k, r < i)$ 施行分离规则而得。

（5）P_i 是由 $P_k(k < i)$ 施行全称规则（包括 US、UG）而得。

（6）P_i 是由 $P_k(k < i)$ 施行存在规则（包括 ES、EG）而得。

最后，$P_n = B$ 即为定理。

在证明过程中，每个 P_i 之后必须给出所引入的方法及推理规则。

从中可以看出，在假设推理中需求证的定理具有 $A \rightarrow B$ 之形式，此时可将 A 作为已知部分列入，而所求证的定理仅为 B。这样就可以做到既增加已知部分又减少求证部分，从而达到简化证明的目的。

3. 反证推理

反证推理的证明过程也是与永真推理一样的，有所区别的是，在证明过程中可将定理 Q 的否定 $\neg Q$ 作为已知部分列入。而最终获得的定理是矛盾的，即永假式，它可称为空，并可用符号□表示。在此情况下，其证明（过程）：P_1，P_2，$\cdots$，P_n 中每个 $P_i(i = 1, 2, \cdots, n)$ 必须使用下列方法之一：

（1）P_i 是永真公式。

（2）P_i 是已知条件。

（3）P_i 是 $\neg Q$。

（4）P_i 是由 P_k，$P_r(k, r < i)$ 施行分离规则而得。

（5）P_i 是由 $P_k(k < i)$ 施行全称规则（包括 US、UG）而得。

（6）P_i 是由 $P_k(k < i)$ 施行存在规则（包括 ES、EG）而得。

最后，$P_n = $ □即为定理。

在证明过程中，每个 P_i 之后必须给出所引入的方法及推理规则。

反证推理即反证法，或称归谬证法。在推理中它属反向推理，即从需求证的定理出发作证明，最终如获得矛盾，即定理得证。

将假设推理与反证推理相结合，即可以得到一种具有假设推理与反证推理共同特色的推理，它可称为假设反证推理。

在此情况下，如果所求证的定理具有 $A \rightarrow B$ 的形式，其证明（过程）：P_1，P_2，$\cdots$，P_n 中每个 $P_i(i = 1, 2, \cdots, n)$ 必须使用下列方法之一：

（1）P_i 是永真公式。

（2）P_i 是已知条件。

（3）P_i 是 A。

（4）P_i 是 ¬ B。

（5）P_i 是由 P_k，$P_r(k, r < i)$ 施行分离规则而得。

（6）P_i 是由 $P_k(k < i)$ 施行全称规则（包括 US、UG）而得。

（7）P_i 是由 $P_k(k < i)$ 施行存在规则（包括 ES、EG）而得。

最后，$P_n = \square$ 即为定理。

在证明过程中，每个 P_i 之后必须给出所引入的方法及推理规则。

从中可以看出，在假设反证推理中需求证的定理具有 $A \rightarrow B$ 之形式，此时同时可将定理中的所有部分 A 与 B 作为已知部分列入，这样就可以做到定理的全部作为已知部分而求证的结果统一为 $\square$，从而达到简化证明的目的。

（二）谓词逻辑的自动定理证明

从理论上对谓词逻辑的证明过程实现了知识推理，它仅从数学理论的角度提供了思想与方法，但要用这种思想与方法在计算机上用算法实现是不可能的，还需要有规范化的表示与标准化的操作过程。只有有了这两者才能实现用计算机模拟推理的过程。

在规范化的表示上经过不断努力建立起了谓词逻辑子句表示形式。1965 年美国数理逻辑学家罗宾逊在这种标准的形式之上使用一种归结原理的算法思想，只要定理是真的，总可用此算法推导而得出定理。这种方法就称为谓词逻辑的自动定理证明。

现实世界中的问题只要能用谓词逻辑标准的形式表示，就可以用归结原理所设计的算法实现。进一步，再将此算法用计算机编程实现，从而可以做到用计算机程序实现自动定理证明。

最先用计算机实现此种方法的是法国马赛大学的柯尔密勒，它设计并实现了一种基于谓词逻辑的逻辑程序设计语言 PROLOG，以及它的一个计算机解释系统，用它在计算机上实现自动推理。现实世界中的问题只要能用谓词逻辑标准的形式表示，就可以将它写成PROLOG 程序，然后用计算机算法自动实现。

下面分别介绍规范化子句形式以及自动定理证明的主要算法归结原理以及建立在归结原理上的计算机逻辑语言 PROLOG。

1. 子句与子句集

为便于在计算机上推理，有必要对谓词逻辑公式作规范，其过程如下：

（1）将公式转换成一种标准式，称为前束范式。该范式由首部与尾部两部分组成，其中首部是量词，尾部是合取范式，是一个合取式，其中合取项是由析取式所组成的公式。

（2）用 ES 除去公式中的存在量词。

（3）用 US 除去公式中的全称量词。

（4）将每个合取项用蕴涵式表示，这种蕴涵式称为子句。

（5）公式可用子句集表示。

2. 归结原理

归结原理是用反证推理方法实现的一种算法，它是自动定理证明的算法理论基础。对客观世界中的问题域可以建立定理证明形式，其中已知部分可视为已知条件，以子句集形式表示，而待证部分即可视为需求证的定理，也以子句集形式表示。

设已知子句集为 S，对 S 可有：$S = \{E_1, E_2, \cdots, E_n\}$

其中，$E_i(i = 1, 2, \cdots, n)$ 均为子句，而待证的定理为 E，下面分步骤讨论。

（1）证明方法——反证法。由子句集 S 推出 E 相当于由 $S \cup \{\neg E\}$ 推得□。

（2）证明的算法基础——归结原理。

定理：设有公式为真：

$$A_n \leftarrow A_1, A_2, \cdots, A_{n-1}$$
$$B_m \leftarrow B_1, B_2, \cdots, B_{m-1} \qquad (6-1)$$

其中，$A_n = B_i$，$(i < m)$，则必有公式为真：

$$B_m \leftarrow A_1, A_2, \cdots, A_{n-1}, B_1, B_2, \cdots, B_{i-1}, B_{i+1}, B_{m-1} \qquad (6-2)$$

推论由 $\{P \leftarrow, \leftarrow P\}$ 可得空子句□。

由此定理可得：①两子句不同的两边如有相同命题则可以消去，这是归结原理的基本思想，此方法称为反驳法；②由推论可知，由 P 与 $\neg P$ 可得空子句。

这样可以得到一种新的证明方法，即由 S 为已知条件证明 E 为定理的过程可改为：①作 $S' = S \cup \{\neg E\}$ 为已知；②从 E 开始在 S' 不断使用反驳法；③最后出现空子句则结束。

在此定理证明中仅使用一种方法即反驳法。

反驳法的具体过程包括：①寻找两子句不同端的相同命题，此过程称为匹配或合一；②找到后进行消去且将两子句合并。

这样一来，谓词逻辑中任何证明过程都变得十分简单，这为计算机定理证明从理论上做好准备。

（3）归结原理实现的关键——代换、合一与匹配。归结原理的基本思想关键是合一或匹配，下面较为详细地讨论此问题。

因为讨论的是谓词逻辑，所以命题一般以谓词形式出现，具有 $P(x_1, x_2, \cdots, x_n)$ 的形式。

两个谓词相同的含义有三种情况：①两个谓词符相同；②个体变元数目相同；③对应个体变元相同，这又可分为三种情况：两者均为变量，此时需作变量代换，使之相同；一个为变量，另一个为常量，此时需对变量代换，使之与常量一致；两者均为常量，此时两常量应相等。

因此比较两个谓词是否相同，不仅要逐条比较，还要进行代换，使不相同的谓词经代换后成为相同。

对一组变元 $x_1, x_2, \cdots, x_n$ 可以分别用 $t_1, t_2, \cdots, t_n$ 替换之，从而得到另一组变元 $t_1, t_2, \cdots, t_n$，这种替换过程称为代换，它可写成：$\theta = \{t_1/x_1, t_2/x_2, \cdots, t_n/x_n\}$。

3. PROLOG 语言

应用自动定理证明的思想可以用计算机实现自动推理，其中著名的有 PROLOG 语言。

PROLOG 语言是以谓词逻辑标准形式为其表现形式，以归结原理为其算法思想设计而成的一种逻辑程序设计语言。这种语言用 Horn 子句为基本表示语句，它一共有三个主要语句，其具体情况见表 6-1[①]：

表 6-1　PROLOG 的三个语句

语句名	事实（fact）	规则（rule）	询问（guery）
形式	P_i	$P_1 : -P_2, P_3, \cdots, P_n$	$? - P_1, P_2, \cdots, P_n$
逻辑含义	$P_i \leftarrow$（断言）	$P_1 \leftarrow P_2, \cdots, P_n$（Horn 子句）	$P_1 \leftarrow P_2, \cdots, P_n$（假设）
语义	P_i 为真	若 $P_2, P_3, \cdots, P_n$ 为真，则 P_1 为真	$P_1 \wedge P_2 \wedge \cdots \wedge P_n$ 为真？

除此之外，PROLOG 语言还设置了一些常谓词，称为内部谓词，用它来实现一些固定常用的功能。

---

① 徐洁磐. 人工智能导论 [M]. 北京：中国铁道出版社有限公司，2019：71.

整个 PROLOG 程序由两部分组成，它们分别称为数据库与提问。数据库由事实与规则组成，它相当于给定的已知条件，提问用询问语句表示，它相当于定理。

（三）知识推理方法之评价

基于谓词逻辑的知识推理方法是人工智能发展早期常用的方法，它有明显的优点：①有严格的数学理论支撑，理论严谨、逻辑清楚；②适合于简单的演绎性知识推理。该方法也存在一些不足，特别是人工智能发展所引起的系统复杂性与规模扩展性所带来的后果：①由于采用符号化数学形式表示知识，因此在应用时对知识工程师的要求较高；②所采用的算法推理效率低；③所采用的算法证明为半可判定的，即如果定理不成立，算法会无法收敛。

第三节　知识库与知识搜索技术

一、知识库

知识是人工智能研究、开发、应用的基础，在任何涉及人工智能之处都需要大量的知识，为便于知识的使用，需要有一个组织、管理知识的机构，它就是知识库。

自人工智能出现后即有知识库概念出现，直至目前为止，知识库及其重要性也越显突出。任何一项研究与开发、应用都离不开知识库。但遗憾的是在人工智能领域少见有对知识库系统作完整、系统介绍的。"知识搜索是下一代搜索引擎技术的关键技术，而知识库则是这项技术的核心。"[①]

（一）知识库的基本概念

在人工智能中经常会出现"知识库"的名词，且出现频率很高，但是对此名词往往介绍不多，按习惯性理解，它的含义大致是：存储知识的场所。从抽象的观点看，它是知识的集合。在人工智能的发展初期，这种理解勉强可以应对，但随着人工智能的发展，知识库的概念也逐渐明朗，其重要性也越加突出，鉴于此必须对知识库有一个系统、完整的介绍。在本节中对知识库的一些基本概念作介绍，它的内容包括以下方面：

---

① 申睃，冯园园，张洁雪，等. 知识搜索中的知识库建设问题研究 [J]. 情报杂志，2015，34 (10)：129-133.

1. 知识的四种性质

对知识库的研究是先从知识特性讲起的，从这个观点看，我们可以对知识特性从不同角度分别探讨。

（1）时间角度：从保存时间看，知识可分为挥发性知识与持久性知识。其中挥发性知识保存期短而持久性知识则能长期保存。

（2）使用范围：从使用范围的广度看，知识可分为私有知识与共享知识。其中私有知识为个别应用所专用，而共享知识为多个应用服务。

（3）数量角度：从数量角度看，知识可分为小规模知识、大规模数据、超大规模知识、海量知识及大数据知识等多种。知识的量是衡量知识的重要标准。量的不同可以引发从量变到质变的效应。如小规模知识是不需要管理的，超大规模知识、海量知识则必须进行管理，而大数据知识则具有多种结构形式、分布式管理及并行处理等特性。

（4）处理角度：从处理角度看，知识可分为直接知识与间接知识。前者主要是通过实践由客观世界直接获得的知识，而后者主要是由直接知识通过知识获取而得到的知识。

2. 知识库有关概念

（1）知识库管理。知识库是需要管理的，知识库管理主要用于知识库的开发与应用，其物理实现由计算机软件系统实现，称为知识库管理系统。此外，知识库管理还需要一组人员进行知识的搜集、录入与维护，他们称为知识工程师。因此知识库管理是由计算机软件与专业人员联合完成的。

（2）知识库管理系统。知识库管理系统是管理知识库的计算机软件系统，它为生成、使用、开发与维护知识库提供统一的操作支撑。它的主要功能如下：①知识定义功能：它可以定义知识库中知识表示的数据结构；②知识操纵功能：它具有对知识库中知识实施查询与增、删、改等多种操作的能力；③知识推理功能：它具有对知识库中知识实施演绎性推理以及归纳性推理的能力；④知识控制与保护能力：它具有对知识库中知识实施约束控制、并行控制与安全保护的能力；⑤服务功能：它提供多种服务功能，如知识采集等。

（3）知识工程师。知识工程师是一组专业人员，他们为知识库搜集知识并将其录入知识库中。此外，他们还负责知识库的日常运行与维护。

（4）知识库系统。知识库系统是由四个部分组成的用于人工智能中的专用计算机系统。知识库系统的四个部分分别是：①知识库——知识；②知识库管理系统——软件；③知识工程师；④计算机平台、专用软件等。

由这四个部分所组成的以知识库为核心的系统称为知识库系统，简称知识库。

（5）知识库应用系统。知识库系统为人工智能应用直接服务，知识库系统与应用的结合组成了知识库应用系统。知识库应用系统是一种以知识库为核心并且具有独立知识管理与获取应用能力的系统，包括系统平台、知识库、知识库管理系统、相关应用软件、知识工程师。

知识库应用系统开发。知识库应用系统是需要开发的，其开发方法按照计算机科学技术中的系统工程开发方法及软件工程开发方法进行，包括系统平台开发、知识库开发及应用程序开发三部分。

知识库应用系统的开发共分为五个步骤，具体包括：①计划制订，是整个知识库应用系统项目的计划制订，此阶段所涉及的问题主要与立项有关；②需求分析，需求分析是对整个知识库应用系统的统一分析，这种分析对平台、知识库与应用程序具有重大作用；③系统设计，在系统设计中按知识库设计、应用程序设计与系统平台设计三部分独立进行；在知识库设计中主要分为概念设计、逻辑设计及物理设计三部分，分别设计知识库中的知识表示形式、知识库中的知识模式与模型、知识推理方法、知识库总体结构以及知识库物理参数；④系统开发生成，生成后的系统即可在所创建的平台上运行并维护，运行维护按三部分独立进行：应用程序运行维护；知识库运行维护；系统平台运行维护。

（二）典型知识库系统

1. 知识库发展第二阶段中的典型知识库系统

（1）知识库系统组成。知识库系统由以下四个部分组成：①知识库，知识库由两部分组成：事实库和规则库；②知识库推理引擎：用于知识推理；③知识库操纵：用于知识库中知识的增、删、改操作，它主要用于对知识库中的知识作录入；④知识库查询，用于知识库中知识的查询操作。

知识库系统四个部分组成它的三个基本结构，三个基本结构如下：①知识库系统内部组成：包括知识库中的事实库与规则库以及知识库推理引擎；②知识库系统输入接口：包括知识库中的增、删、改操作；③知识库系统输出接口：包括知识库中的查询操作及推理输出。

（2）知识库系统实现。在知识库发展第二阶段中的知识库系统的一个典型实现是采用关系数据库系统的一种扩充实现方法，称为演绎数据库系统。在该系统中以一个商品化的关系数据库为核心作扩充，扩充的内容如下：①规则库及相应输入/输出；②推理引擎及相应输入/输出。

关系数据库是一个事实库，而关系数据库系统包括对事实库的查询及增、删、改操作。在此基础上扩充规则库、推理引擎及相应操作后即可构成一个知识库系统的实现。

2. 知识库发展第三阶段中的典型知识库系统

目前最为流行的是新一代知识库系统，它是建立在互联网上且具有大数据特性的维基百科。这是一个开发极为成功且受网民喜爱的典型知识库系统。

（1）维基百科简介。维基百科于 2001 年 1 月 15 日发起，是由维基媒体基金会负责经营的一个自由内容、自由编辑，由全球各地志愿者编写而成的一种百科全书式的网络产品。维基百科是建立在互联网上免费向广大网民开放的知识库。目前有英、法、德、日、俄及中文在内的 301 种语言版本。在 2012 年启动的 WikiData 是 Wikipedia 的知识库，而在 2015 年启动的 KE 是 Wikipedia 的知识获取的推理引擎，到 2017 年底 Wikipedia 已达到超过 2500 万个词条的规模。

以维基百科为首的互联网知识产品一经问世即引起了连锁反应，目前在互联网上已出现谷歌百科、YAGO、百度百科在内的数十种百科类知识产品，同时，它们之间相互关联与相互支持，组成了互联网上的庞大知识群体。

（2）作为知识库应用系统的维基百科介绍，以及维基百科知识库的分析模型。

维基百科的基础是词条，每个词条可用项、语句及属性三个层次的结构形式表示。其中：①项：从结构角度看，项是词条最上层结构，具有文档形式，它给出了词条的主体语义解释，它是一种键值类型结构，在给出项的键后，即可得到相应具有文档形式的链接值。②语句：语句是项的一部分，由于项中文档量值往往较大，因此可从语义上将其分解成若干个语句。它们的组合构成了项，语句也是文档形式，它是项的子文档。③属性：属性是对语句的进一步解释。属性也是一种键值类型结构，其中属性名是键，在给出键后，即可得到相应具有文档形式的链接值。

整个维基百科是由数千万个词条所组成。目前维基百科的词条数为 2500 万个，维基百科的词条间都是关联的，整个维基百科由 2500 万个词条的三层结构组成，它们之间还有着多种各不相同的联系，这种复杂的结构组成了维基百科的需求分析模型。

概念模型，在需求分析模型之上可以构造概念模型。维基百科概念模型可用知识图谱表示，上面的这个三层结构可以用一个三层有向树的知识图谱表示。

逻辑模型，基于概念模型的逻辑模型是建立在 WikiData 之上的。其中知识图谱中的图结构可用 WikiData 中的图结构表示，而结点中的结构采用 WikiData 中的键值结构形式。

知识操纵，维基百科知识操纵有如下的操作：①知识查询、推理操作：通过知识查询、推理操作对维基百科词条作全局性查询、推理以获取知识；②知识修改操作：通过知识修改实现对维基百科词条的修改；③知识采集操作：通过知识的网络自动搜集及部分人工搜集的混合方式，实现对维基百科词条的采集及增补。

（3）作为知识库系统的维基百科开发。维基百科是一个知识库应用系统，对它的开发是按照知识库应用系统的开发流程进行的，按四个步骤实施。维基百科作为知识库应用系统，其开发过程如下：

第一步，需求分析。根据要求对维基百科提出总体性的需求，最终用分析模型表示。

第二步，系统设计。系统设计分为知识库模式设计和应用程序设计。

知识库模式设计。知识库模式设计包括：①概念设计：用知识图谱有向图表示形式对维基百科作全局之概念式设计；②逻辑设计：用知识库 WikiData 中的图结构对其中知识图谱中的概念设计结果作逻辑设计，而结点中的结构采用 WikiData 中的键值结构形式表示；③物理设计：对 WikiData 中的物理参数作设计。

应用程序设计。应用程序设计包括：①维基百科知识获取，它包括知识与问题查询、文本与图形展示、电子阅览等，它可以通过知识库直接查询，也可通过设置的推理引擎 KE 作推理查询；②维基百科知识自动采集录入，它包括互联网上 Web 数据用爬虫自动采集，对关系数据库自动抽取，最后进行统一的清洗与集成。

第三步，平台设计。维基百科平台设计包括建立在互联网云平台基础上的多种开发软件，特别是知识库选用维基知识库 WiKiData。

第四步，系统开发生成。在完成上述分析与设计后即可进行系统开发生成，系统开发生成包括：①系统平台构建；②知识库系统生成——对结构化数据按模式语义生成知识与对非/半结构化数据用机器学习方法生成知识；③应用程序的开发。

二、知识搜索

搜索策略是人工智能中知识获取的基本技术之一，它在人工智能各领域中被广泛应用，特别是在人工智能早期的知识获取中，如在专家系统、模式识别等领域。

搜索策略在人工智能中属问题求解的一种方法，在早期，它一直是人工智能研究与应用中的核心问题。它通常是先将应用中的问题转换为某个可供搜索的空间，称为"搜索空间"，然后采用一定的方法称为"策略"，在该空间内寻找一条路径称为"搜索路径"或称为"求解"，最终得到一条路径并有一个终点称为"解"。在问题求解中，问题由初始条件、目标和操作集合三个部分组成。在搜索策略方法中一般采用的知识表示方法是状态空间法，将问题转化为状态空间图。而搜索则采用搜索算法思想作引导，在状态空间图中从初始状态（即初始条件）不断用操作做搜索，最终在搜索空间上以较短的时间获得目标状态，它就是问题的解。

因此，搜索策略方法即是以状态空间法为知识表示方法，以搜索算法思想作引导从而获得知识的一种方法。这是一种演绎推理方法。在该方法的讨论中主要是研究搜索算法思想，包括盲目搜索算法与启发式搜索算法两部分内容。

（一）知识搜索概述

在搜索策略方法中从给定的问题出发，寻找到能够达到所希望目标的操作为序列，并使其付出的代价最小、性能最好，这就是基于搜索策略的问题求解。它的第一步是问题的建模，即对给定问题用状态空间图表示。接着第二步是搜索，就是找到操作序列的过程，可用搜索算法引导。最后第三步是执行，即执行搜索算法，它的输入是问题的实例，输出表示为操作序列。因此，求解一个问题包括三个阶段：问题建模、搜索和执行。其主要阶段为搜索阶段。

一般给定一个问题后，就确定了该问题的基本信息，它由以下四个部分组成：①初始条件：定义了问题的初始状态；②操作符集合：把一个问题从一个状态变换为另一个状态的操作集合；③目标检测函数：用于确定一个状态是否为目标；④路径费用函数：对每条路径赋予一定费用的函数。

其中，初始条件和操作符集合定义了初始的状态空间。在搜索中一般包括两个主要的问题："搜索什么"及"在哪里搜索"。其中，"搜索什么"通常指的就是"目标"，"在哪里搜索"指的就是"状态空间"。

人工智能中大多数问题的状态空间在问题求解之初不是全部表示的，而是呈现为初始的状态空间形式。由于一个问题的整个状态空间可能会非常大，在搜索之前生成整个空间会占用太大的存储空间。所以，人工智能中的搜索可以分成两个阶段：状态空间的初始阶段和状态空间中对目标的搜索阶段。因此，状态空间是逐步扩展的，"目标"状态是在每次扩展时进行判断的。

搜索方法可以分为盲目搜索方法和启发式搜索方法。

盲目搜索方法一般是指从当前的状态到目标状态之间的操作序列是按固定的方法进行的，而并没有考虑到问题本身的特性，所以这种搜索具有很大的盲目性，效率不高，不便于复杂问题的求解。

启发式搜索方法是在搜索过程中加入与问题有关的启发式信息，用于指导搜索朝着最为希望发现目标状态的方向前进，加速问题的求解并找到最优解。显然盲目搜索不如启发式搜索效率高，但是由于启发式搜索需要与问题本身特性有关的信息，而对于很多问题来说这些信息很少，或者根本就没有，或者很难抽取，所以盲目搜索仍然是很重要的一类搜索方法。

（二）盲目搜索

盲目搜索策略的一个共同特点是它们的搜索路线是已经预先固定好的，目前常用的盲目搜索策略有宽度优先搜索策略与深度优先搜索策略两种。

在状态空间中，一般的初始状态仅为一个状态，称为根状态，以此为起点搜索所生成的是一棵有向树，称为搜索树。在其上有两种基本的搜索算法。如果首先扩展根结点，然后生成下一层的所有结点，再继续扩展这些结点的后继，如此反复下去，按深度由浅入深，这种算法称为宽度优先搜索。另一种方法是从根部开始每次仅选择一个子结点，按横向从左到右顺序逐个扩展子结点，只有当搜索遇到一个死亡结点（非目标结点并且是无法扩展的结点）时，才返回上一层选择其他的结点搜索，这种算法称为深度优先搜索。无论是宽度优先搜索还是深度优先搜索，结点的遍历顺序都是固定的，即一旦搜索空间给定，结点遍历的顺序就固定了。这种类型的遍历称为"确定"的，这就是盲目搜索的特点。

宽度优先搜索算法和深度优先搜索算法的区别是生成新状态的顺序不同，它们有两个主要的特点：①只能用于求解搜索空间为树的问题，搜索结果所得到的解是这个树的生成子树；②宽度优先搜索能够保证找到路径长度最短的解（最优解），而深度优先搜索无法保证。

由于宽度优先搜索总是在生成扩展完 n 层的结点后才转到 $n+1$ 层，所以总能找到最优解，但是实用意义不大。宽度优先算法的主要缺点是盲目性大，尤其是当目标结点距初始结点较远时，将产生许多无用结点，最后导致组合爆炸。

（三）启发式搜索

由于盲目搜索采用固定搜索方式，具有较大的盲目性，生成的无用结点较多，搜索空间较大，因而效率不高。如果能够利用结点中与问题相关的一些特征信息来预测目标结点的存在方向，并沿着该方向搜索，则有希望缩小搜索范围，提高搜索效率。这种利用结点的特征信息来引导搜索过程的一类方法称为启发式搜索。

启发式搜索的具体操作方式是：在启发式搜索算法中，在生成一个结点的全部子结点之前都将使用一种评估函数判断这个"生成"过程是否值得进行。评估函数通常为每个结点计算一个整数值，称为该结点的评估函数值。通常，评估函数值小的结点被认为是值得进行"生成"的过程。按照惯例，将生成结点 n 的全部子结点称为"扩展结点"。

1. 评估函数

评估函数的任务是估计待搜索结点的重要程度，给它们排定顺序。在启发式搜索中，每个待扩充结点都需要有评估函数，它的值是由问题中与该结点有关的语义所决定的，如距离、时间、金钱等。因而这些语义信息必须由人工决定而无法自动生成。而在人工生成时，涉及人对其语义理解的深刻程度，故有一定的弹性。因此在启发式搜索中，即便是采用相同的算法，其效果还是会有所不同，这与人设置结点评估的语义因素有一定关系。

2. 启发信息

启发信息是指与具体问题求解过程有关的，并可指导搜索过程朝着最有希望的方向前进的控制信息。一般包括三种：①有效地帮助确定扩展结点的信息；②有效地帮助决定哪些后继结点应被生成的信息；③能决定在扩展结点时哪些结点应从搜索树上删除的信息。一般来说，搜索过程所使用的启发性信息的启发能力越强，扩展的无用结点就越少。

3. A 算法

在搜索的每一步都利用评估函数，它从根结点开始对其子结点计算评估函数，按函数值大小，选取小者向下扩展，直到最后得到目标结点，这种搜索算法称为 A 算法。由于评估函数带有问题自身的启发性信息，因此 A 算法是一种启发式搜索算法。

4. A′ 算法

在 A 算法中由于并没有对启发式函数作任何的要求与规定，因此用 A 算法所得到的结果无法对其作出评价，这是 A 算法的一个不足。为弥补此不足，对启发式函数作一定的限制，即对 $h(n)$ 设置 $h'(n)$，如果 $h(n)$ 满足如下的条件：$h(n) \leqslant h'(n)$，若问题有解，A 算法一定可以得到一个代价较小的结果，这种算法是 A 算法的改进，称为 A′ 算法。

在 A′ 算法中关键是 $h'(n)$ 的设置。它有明确的语义，它给出了具有明确代价值的标准。一般来讲是一种代价最小或较小的函数。如果 $h'(n)$ 是代价最小的，则它能保证 A′ 算法找到最优解。

当然，并不是所有问题都能找到 $h'(n)$ 的，故而 A′ 算法并不是对所有问题都能适用的。

第四节 机器学习与自然语言处理

一、机器学习

（一）机器学习概述

机器学习方法是用计算机的方法模拟人类学习的方法。因此在机器学习中需要讨论以下问题：

第一，需要讨论人类学习方法，只有了解了人类的"学习"机理后才能用"机器"对它进行"模拟"。

第二，讨论机器学习，介绍机器学习的基本概念、思想与方法。

1. 学习的概念

学习是一个过程，它是人类从外界获取知识的方法。人类的知识主要是通过"学习"而得到的。学习的方法很多，到目前为止人类对这方面的了解与认识还是有限的，对学习机理的认识与了解也不多，但这并不妨碍人们对学习的进一步了解与对机器学习的研究。

一般而言，学习分为两种，它们是间接学习与直接学习。

间接学习就是通过他人的传授，包括老师、师父、父母、前辈等言传身教而获取的知识，也可以是从书本、视频、音频等多种资料处所获取的知识。

直接学习就是人类直接通过与外部世界的接触，包括观察、实践所获取的知识。这是人类获取知识的主要手段。

人类的学习主要是从直接知识中通过归纳、联想、范例、类比、灵感、顿悟等手段而获得新知识的过程。

2. 机器学习概念

机器学习的概念是建立在人类学习概念基础上的。所谓机器学习就是用计算机系统模拟人类学习的一门学科，这种学习目前主要是一种以归纳思维为核心的行为，它将外界众多事实的个体，通过归纳思维方法将其归结成具有一般性效果的知识。机器学习的主要内容，包括机器学习的结构模型与机器学习研究方法。机器学习的结构模型是建立在计算机系统上的，这种模型是学习模型在计算机上的具体化。

机器学习的结构模型分为计算机系统内部与计算机系统外部两个部分。其中，计算机系统内部是学习系统，它在计算机系统的支持下工作。计算机系统外部是学习系统外部世界。整个学习过程即是由学习系统与外部世界交互而完成学习功能。

（1）机器学习中的学习系统主要完成学习的核心功能，它是一个计算机应用系统，这个系统由三部分内容组成：①样本数据：在学习系统中，计算机的学习都是通过数据学习的，这种数据一般称为样本数据，它具有统一的数据结构，并要求数据量大、数据正确性好，样本数据一般都是通过感知器从外部环境中获得的。②机器建模：在学习系统中，学习过程用算法表示，并用代码形式组成程序模块，通过模块执行来建立学习模型。在执行中需要输入大量的样本进行统计性计算。机器建模是学习系统中的主要内容。③学习模型：以样本数据为输入，用机器建模作运行，最终可以得到学习的结果，它是学习所得到的知识模型，称为学习模型。

（2）学习系统外部世界是学习系统的学习对象。人类学习知识大都通过作用于它而得到，学习系统外部世界由环境与感知器两部分内容组成。环境：环境即是外部世界实体，它是获得知识的基本源泉；感知器：环境中的实体有多种不同形式，如文字、声音、语言、动作、行为、姿态、表情等静态与动态形式，还具有可见/不可见（如红外线、紫外线等）、可感/不可感（如引力波、磁场等）等多种方式，它需要有一种接口，将它们转换成学习系统中具有一定结构形式的数据，作为学习系统的输入，这就是样本数据。感知器的种类很多，常用的如模/数或数/模转换器，以及各类传感器。此外，还有声音、图像、音频、视频等专用输入设备等。

这样，一个机器学习的结构模型由五个部分组成。整个学习过程从外部世界的环境开始，从中获得环境中的一些实体，经感知器转换成数据后进入计算机系统，以样本形式出现并作为计算机的输入，在机器建模中进行学习，最终得到学习的结果。这种结果一般以学习模型形式出现，是一种知识模型。

3. 机器学习方法

机器学习是在计算机系统支持下，由大量样本数据通过机器建模获得学习模型作为结果的一个过程，可用公式表示：样本数据+机器建模＝学习模型。

由此可见，机器学习的两大要素是：样本数据与机器建模，故在讨论机器学习方法时，要先介绍样本数据与机器建模的基本概念，在此基础上对学习方法做进一步探讨。

（1）样本数据。样本数据亦称样本，是客观世界中事物在计算机中的一种结构化数据的表示，样本由若干个属性组成，属性表示样本的固有性质。在机器学习中样本在建模过程中起到了至关重要的作用，样本组成一种数据集合，这种集合在建模中训练模型，其量值越大，所训练的模型正确性越高，因此样本的数量一般应具有海量性。

在训练模型过程中有两种不同表示形式的样本，样本中的属性在训练模型过程中一般仅作为训练使用，这种属性称为训练属性，因此如果样本中所有属性均为训练属性，这种样本通称为不带标号样本；而样本除训练属性外，还有另外一种作为训练属性所对应的输出数据的属性称为标号属性，而这种带有标号属性的样本称为带标号样本。一般而言，不同样本训练不同的模型。

（2）机器建模。机器建模是用样本训练模型的过程，它可按不同样本分为以下三种：

第一，监督学习：由带标号样本训练模型的学习方法称为监督学习。这个方法是在训练前已知输入和相应输出，其任务是建立一个由输入映射到输出的模型。这种模型在训练前已有一个带初始参数值的模型框架，通过训练不断调整其参数值，这种训练的样本需要足够多才能使参数值逐渐收敛，达到稳定的值为止。这是一种最为有效的学习方法，目前使用也最为普遍，对于这种学习方法，目前常用于分类分析，因此又称分类器。但是带标号样本数据的搜集与获取比较困难，这是它的不足之处。

第二，无监督学习：由不带标号样本做训练模型的学习方法称为无监督学习。这个方法是：在训练前仅已知供训练的不带标号样本，其后期的模型是通过建模过程中算法的不断自我调节、自我更新与自我完善而逐步形成的。这种训练的样本也需要足够多才能使模型逐渐稳定。对于这种学习方法，目前其常用的有关联规则方法、聚类分析方法等。无监督学习的样本较易获得，但所得到的模型规范性不足。

第三，半监督学习：半监督学习又称混合监督学习，是先用少量带标号样本数据做训练，接下来即可用大量的不带标号样本做训练，这样做既可避免带标号样本难以取得的缺点，也可避免最终模型规范性不足的缺点。这是一种典型的半监督学习方法。此外，还有一些非典型的半监督学习方法，又称弱监督学习方法。

（3）学习模型。学习模型是由样本数据通过机器建模而获得的学习结果，它是一种知识模型，称为学习模型。

在讨论了样本数据、机器建模及学习模型后，下面将对学习方法进行讨论，主要包括人工神经网络方法和贝叶斯方法。

（二）人工神经网络方法

"人工神经网络是一种模仿人脑神经网络结构和功能的信息处理系统，是一种分布式并行处理信息的抽象数学模型，现已在许多科学领域得以成功应用。"① 人工神经网络分为三部分：基本人工神经元模型、基本人工神经网络及其结构和人工神经网络的学习机理。

1. 基本人工神经元模型

在人工神经网络中其基本单位是人工神经元，人工神经元有多种模型，但是有一种基本模型最为常见，称为基本人工神经元模型（或简称神经元模型），这是一种规范的模型，可用数学形式表示。根据基本人工神经元模型，一个人工神经元一般由输入、输出及内部结构三部分组成。

（1）输入。一个神经元可接收多个外部的输入，即可以接收多个连接线的单向输入。每个连接线来源于外部（包括外部其他神经元）的输出 X_i，每个连接线还包括一个权（或称权值）W_{ij}，其中 i 表示连接线中外部神经元输出编号，j 表示连接线目标指向的神经元编号，一般权值处于某个范围之内，可以是正值，也可以是负值。

（2）内部结构。一个人工神经元的内部结构由三部分组成。

加法器：编号为 A 的神经元接收外部 m 个输入，包括输入信号 X_i 及与对应权 W_{ik} 的乘积（$i=1$，2，…，m）的累加，从而构成一个线性加法器。该加法器的值反映了外部神经元对 k 号神经元所产生的作用的值。

偏差值：加法器所产生的值经常会受外部干扰与影响而产生偏差，因此需要有一个偏差值以弥补此不足，k 号神经元的偏差值一般可用 A 表示。

激活函数：激活函数起辅助作用，设置它的目的是限制神经元输出值的幅度，亦即是说使神经元的输出限制在某个范围之内，如在-1 到+1 之间或在 0 到 1 之间。激活函数一般可采用常用的压缩型函数，如 Logistic 函数、Simoid 函数等。

（3）输出。一个 A 号神经元可以有输出，它也可记为 O_k。这个输出可以通过连接线作为另一些神经元的输入。

2. 基本人工神经网络及其结构

由人工神经元按一定规则组成人工神经网络。人工神经网络有基本的网络与深层网络之分，这里介绍基本的人工神经网络。

基本人工神经网络又称感知器，它一般包括单层感知器、双层感知器和三层感知器等。

---

① 王良玉，张明林，祝洪涛，等. 人工神经网络及其在地学中的应用综述 [J]. 世界核地质科学，2021，38（1）：15-26.

　　自然界中的大脑神经网络结构比较复杂，规律性不强，但是人工神经网络为达到固定的功能与目标采用极有规则的结构方式，大致介绍如下：

　　（1）层——单层与多层。人工神经网络按层组织，每层由若干个相同内部结构神经元并列组成，它们一般互不相连，层构成了人工神经网络结构的基本单位。

　　一个人工神经网络往往由若干个层组成，层与层之间有连接线相连。一个人工神经网络有单层与多层之分，常用的是单层、二层及三层。

　　（2）结构方式——前向型与反馈型。在人工神经网络的结构中神经元按层排列，其连接线是有向的。如果中间并未出现任何回路，则称此种结构方式为前向型人工神经网络结构；而如果中间出现封闭回路（通常有一个延迟单元作为同步组件），则称此种结构方式为反馈型人工神经网络结构。按单层/多层及前向/反馈可以构造若干不同的人工神经网络，如 M-P 模型、BP 模型及 Hopfield 模型等多种不同的人工神经网络模型。

　　3. 人工神经网络的学习机理

　　人工神经网络能自动进行学习，其基本思路是：首先建立带标号样本集，然后用神经网络算法训练样本集，神经网络通过不断调节网络不同层之间神经元连接上的权值，使训练误差逐步减小，最后完成网络训练学习过程，即建立数学模型。将建立的数学模型应用在测试样本上进行分类测试，测试完成后所得到的即为可实际使用的学习模型。

　　人工神经网络学习过程是以真实世界的数据样本为基础进行的，用数据样本对人工神经网络进行训练，一个数据样本有输入与输出数据，它反映了客观世界数据间的真实的因果关系。用数据样本中输入数据作为人工神经网络输入，可以得到两种不同的结果，一种是人工神经网络的输出结果，另一种是样本的真实输出结果，两者之间必有一定误差。为达到两者的一致需要修正人工神经网络中的参数，具体地说，即是修正权 W_{ij}（还包括偏差值），这是用一组指定的、明确定义的学习算法来实现之，称为训练。通过不断地用数据样本对人工神经网络进行训练，可以使权的修正值趋于 0，从而达到权值的收敛与稳定，从而完成整个学习过程。经训练后的人工神经网络即是一个经学习后掌握一定知识的模型，并具有一定的归纳推理能力，能进行预测、分类等。

（三）贝叶斯方法

　　贝叶斯方法是一种统计方法，它属概率论范畴，它用概率方法研究客体的概率分布规律。贝叶斯方法中的一个关键定理是贝叶斯定理，利用贝叶斯方法与贝叶斯定理可以构造贝叶斯分类规律。目前贝叶斯分类有两种：一种是朴素贝叶斯分类或称朴素贝叶斯网络；另一种是贝叶斯网络或称贝叶斯信念网络。

贝叶斯分类也是以训练样本为基础的，它将训练样本分解成 n 维特征向量 $X = \{x_1, x_2, \cdots, x_n\}$，其中特征向量的每个分量 $X_i \{i=1, 2, \cdots, n\}$ 分别描述 X 的相应属性 $A_i \{i=1, 2, \cdots, n\}$ 的度量。在训练样本集中，每个样本唯一的归属是 m 个决策类 C_1, C_2, $\cdots$, C_m 中的一个。如果特征向量中的每个属性值对给定类的影响独立于其他属性的值，亦即是说，特征向量各属性值之间不存在依赖关系（称此为类条件独立假定），此种贝叶斯分类称为朴素贝叶斯分类，否则称为贝叶斯网络。朴素贝叶斯分类简化了计算，使分类变得较为简单，利用此种分类可以达到精确分类的目的。而在贝叶斯网络中，由于属性间存在依赖关系，因此可以构造一个属性间依赖的网络以及一组属性间概率分布参数。

贝叶斯方法具有的优势包括：①综合先验信息与后验信息；②适合合理带噪声与干扰的数据集；③结果易于被理解，并可解释为因果关系；④对于满足类条件独立假定时所用的朴素贝叶斯分类更具有概率意义上的精确性；⑤贝叶斯方法一般也用于分类学习中。

二、自然语言处理

人类所使用的语言称为自然语言，这是相对于人工语言而言的。人工语言即计算机语言、世界语等。自然语言是人类智能中思维活动的主要表现形式，是人工智能中模拟人类智能的一种重要应用，称为自然语言处理。

自然语言处理研究能实现人与计算机之间用自然语言进行相互通信的理论和方法。具体来说，它的研究分为两个内容：一是人类智能中思维活动通过自然语言表示后能被计算机理解（可构造成一种人工智能中的知识模型），称为自然语言理解；二是计算机中的思维意图可用人工智能中的知识模型表示，再转换生成自然语言并被人类所了解，称为自然语言生成。

自然语言表示形式有两种，一种是文字形式，另一种是语音形式，其中文字形式是基础。因此，在讨论时也将其分为两部分，以文字形式为主，即基于文字形式的自然语言理解与自然语言生成，以及基于语音形式的自然语言理解与自然语言生成。

（一）自然语言理解

1. 自然语言理解的原理

这里的自然语言主要指的是汉语。汉字中的自然语言理解的研究对象是汉字串，即汉字文本。其研究的目标是：最终被计算机所理解的具有语法结构与语义内涵的知识模型。

面对一个汉字串，使用自然语言理解的方法最终可以得到计算机中的多个知识模型，这主要是汉语言的歧义性所造成的。在对汉字串理解的过程中，与上下文有关，与不同的场景或不同的语境有关。

另外，在理解自然语言时还需运用大量的有关知识，需要多种知识，以及基于知识的推理。有的知识是人们已经知道的，而有的知识则需要通过专门学习而获取，这些都属于人工智能技术。

因此，在自然语言理解过程中必须使用人工智能技术才能消除歧义性，使最终获得的理解结果与自然语言的原意是一致的。在具体使用中需要用到的人工智能技术是知识与知识表示、知识库、知识获取等内容。重点使用的是知识推理、机器学习及深度学习等方法。

综上所述，在汉字中自然语言理解的研究对象是汉字串，研究的结果是计算机中具有语法结构与语义内涵的知识模型，研究所采用的技术是人工智能技术。

从其研究的对象汉字串，即汉字文本开始。在自然语言理解中的基本理解单位是词，由词或词组所组成的句子，以及由句子所组成的段、节、章、篇等。关键的是词与句。对词与句的理解又分为语法结构与语义内涵两种，按序可分为词法分析、句法分析及语义分析三部分内容。

2. 自然语言理解的实施

（1）词法分析。词法分析包括分词和词性标注两部分。

第一，分词。在汉语中词是最基本的理解单位，与其他种类语言不同，如英语等，词间是有空隔符分开的。在汉语中词间是无任何标识符区分的，因此词是需要切分的。故而，一个汉字串在自然语言理解中的第一步是按顺序将它切分成若干个词。这样就是将汉字串经切分后成为词串。

词的定义是非常灵活的，它不仅仅和词法、语义相关，也和应用场景、使用频率等其他因素相关。中文分词的方法有很多，常用的有以下方法：

基于词典的分词方法，这是一种最原始的分词方法，首先要建立一个词典，然后按照词典逐个匹配机械切分，此种方法适用于涉及专业领域少、汉字串简单情况下的切分。

基于字序列标注的方法。对句子中的每个字进行标记，如四符号标记 {B，I，E，S}，分别表示当前字是一个词的开始、中间、结尾，以及独立成词。

基于深度学习的分词方法。深度学习方法为分词技术带来了新的思路，直接以最基本的向量化原子特征作为输入，经过多层非线性变换，输出层就可以很好地预测当前字的标记或下一个动作。在深度学习的框架下，仍然可以采用基于字序列标注的方式。深度学习的主要优势是可以通过优化最终目标，有效学习原子特征和上下文的表示，同时深度学习可以更有效地刻画长距离句子信息。

第二，词性标注。对切分后的每个词作词性标注。词性标注是为每个词赋予一个类别，这个类别称为词性标记，如名词、动词、形容词等。一般来说，属于相同词性的词，在句法中承担类似的角色。

词性标注极为重要，它为后续的句法分析及语义分析提供必要的信息。

中文词性标注难度较大，主要是词缺乏形态变化，不能直接从词的形态变化上来判别词的类别，并且大多数词具有多义、兼类现象。中文词性标注要更多地依赖语义，相同词在表达不同义项时，其词性往往是不一致的。因此查词典等简单的词性标注方法效果较差。

目前，有效的中文词性标注方法可以分为基于规则的方法和基于统计学习的方法两大类：①基于规则的方法：通过建立规则库以规则推理方式实现的一种方法，此方法需要大量的专家知识和很高的人工成本，因此仅适用于简单情况下的应用；②基于统计学习的方法：词性标注是一个非常典型的序列标注问题，由于人们可以通过较低成本获得高质量的数据集，因此，基于统计学习的词性标注方法取得了较好的效果，并成为主流方法。

随着深度学习技术的发展，出现了基于深层神经网络的词性标注方法。传统词性标注方法的特征抽取过程主要是将固定上下文窗口的词进行人工组合，而深度学习方法能够自动利用非线性激活函数完成这一目标。

（2）句法分析。在经过词法分析后，汉字串就成了词串，句法分析就是在词串中按顺序组织起句子或短语，并对句子或短语的结构进行分析，以确定组织句子的各个词、短语之间的关系，以及各自在句子中的作用，将这些关系用一种层次结构形式表示，并进行规范化处理。在句法分析过程中常用的结构方法是树结构形式，此种树称为句法分析树。

句法分析是由专门的句法分析器进行的，该分析器的输入端是一个句子，输出端是一个句法分析树。句法分析的方法有两种：一种是基于规则的方法；另一种是基于学习的方法。

基于规则的句法分析方法，是早期的句法分析方法，最常用的是短语结构文法及乔姆斯基文法，它们是建立在固定规则基础上并通过推理进行句子分析的方法。这种方法因规则的固定性与句子结构的歧义性，产生的效果并不理想。

基于学习的句法分析方法，从20世纪80年代末开始，随着语言处理的机器学习算法的引入，以及大数据量"词料库"的出现，自然语言处理发生了革命性变化。最早使用的机器学习算法，如决策树、隐马尔可夫模型在句法分析中得到应用。早期许多值得注意的成功案例发生在机器翻译领域。特别是IBM公司开发的基于统计的机器学习模型。该系统利用加拿大议会和欧洲联盟制作的"多语言文本语料库"将所有政府诉讼程序翻译成相应政府系统的官方语言。最近的研究越来越多地关注无监督和半监督学习算法。这样的算法能够从手工注释的数据中学习，并使用深度学习技术在句法分析中实现最有效的结果。

（3）语义分析。语义分析指运用机器学习方法，学习与理解一段文本所表示的语义内容，通常由词、句子和段落构成。根据理解对象的语言单位不同，又可进一步分解为词汇级语义分析、句子级语义分析以及篇章级语义分析。词汇级语义分析关注的是如何获取或区别单词的语义，句子级语义分析则试图分析整个句子所表达的语义，而篇章级语义分析旨在研究自然语言文本的内在结构并理解文本单元（可以是句子、从句或段落）间的语义关系。

目前，语义分析技术主流的方法是基于统计的方法，它以信息论和数理统计为理论基础，以大规模语料库为驱动，通过机器学习技术自动获取语义知识。

（二）自然语言生成

计算机中的思维意图用人工智能中的知识模型表示后，再转换生成自然语言被人类所理解，称为自然语言生成。在自然语言生成中也大量用到人工智能技术。一般而言，自然语言生成结构可以由以下三个部分构成：

1. 内容规划

内容规划是生成的首要工作，其主要任务是将计算机中的思维意图用人工智能中的知识模型表示，包括内容确定和结构构造两部分。

内容确定，内容确定的功能是决定生成的文本应该表示什么样的问题，即计算机中的思维意图的表示。

结构构造，结构构造则是完成对已确定内容的结构描述，即建立知识模型。具体来说，就是用一定的结构将所要表达的内容按块组织，并决定这些内容块是怎样按照修辞方法互相联系起来，以便更加符合阅读和理解的习惯。

2. 句子规划

在内容规划基础上进行句子规划。句子规划的任务就是进一步明确定义规划文本的细节，具体包括选词、优化聚合、指代表达式生成等。

选词，在规划文本的细节中，必须根据上下文环境、交互目标和实际因素用词或短语来表示。选择特定的词、短语及语法结构来表示规划文本的信息。这意味着对规划文本进行消息映射。有时只用一种选词方法来表示信息或信息片段，在多数系统中允许多种选词方法。

优化聚合，在选词后，对词按一定规则进行聚合，从而组成句子初步形态。优化后使句子更为符合相关要求。

指代表达式生成，指代表达式生成决定什么样的表达式。句子或词汇应该被用来指代特定的实体或对象。在实现选词和聚合之后，指代表达式生成的工作就是让句子的表达更具语言色彩，对已经描述的对象进行指代以增加文本的可读性。

句子规划的基本任务是确定句子边界，组织材料内部的每一句话，规划句子交叉引用和其他的回指情况，选择合适的词汇或段落来表达内容，确定时态、模式，以及其他的句法参数等，即通过句子规划，输出的应该是一个子句集列表，且每一个子句都应该有较为完善的句法规则。事实上，自然语言是有很多歧义性和多义性的，各个对象之间大范围的交叉联系等情况，造成完成理想化句子规划是一个很难的任务。

3. 句子实现

在完成句子规划后，即进入最后阶段——句子实现。它包括语言实现和结构实现两部分，具体地讲就是将经句子规划后的文本描述映射至由文字、标点符号和结构注解信息组成的表层文本。

句子实现生成算法首先按主谓宾的形式进行语法分析，并决定动词的时态和形态，再完成遍历输出，其中，结构实现完成结构注解信息至文本实际段落、章节等结构的映射，已实现完成将短语描述映射到实际表层的句子或句子片段。

（三）自然语音处理

语音处理包括语音识别、语音合成及语音的自然语言处理三部分内容。所讨论的自然语言主要指的是汉语。其中，语音识别是从汉语语音到汉字文本的识别过程，语音合成是从汉字文本到汉语语音的合成过程。基于文本的自然语言处理结合了语音识别和语音合成，以实现语音形式的自然语言处理，简称为语音处理。

在语音处理中需要用到大量的人工智能技术，包括知识与知识表示、知识库、知识获取等内容。重点使用的是知识推理、机器学习及深度学习等方法，特别是其中的深度人工神经网络中的多种算法。此外，还与大数据技术紧密关联。

1. 语音识别

语音识别是指利用计算机实现从语音到文字自动转换的任务。在实际应用中，语音识别通常与自然语言理解和语音合成等技术结合在一起，提供一个基于语音的自然流畅的人机交互过程。

早期的语音识别技术多基于信号处理和模式识别方法。随着技术的进步，机器学习方法越来越多地应用到语音识别研究中，特别是深度学习技术，它给语音识别研究带来了深刻变革。同时，语音识别通常需要集成语法和语义等高层知识来提高识别精度，和自然语言处理技术息息相关。另外，随着数据量的增大和计算能力的提高，语音识别越来越依赖数据资源和各种数据优化方法，这使得语音识别与大数据、高性能计算等新技术广泛结合。

语音识别是一门综合性应用技术，集成了信号处理、模式识别、机器学习、数值分析、自然语言处理、高性能计算等一系列基础学科的优秀成果，是一门跨领域、跨学科的应用型技术。

2. 语音合成

语音合成又称文语转换，它的功能是将文字实时转换为语音。人在发出声音前，经过一段大脑的高级神经活动，先有一个说话的意向，然后根据这个意向组织成若干语句，接着可通过发音输出。

语音合成的过程是先将文字序列转换成音韵序列，再由系统根据音韵序列生成语音波形。第一步涉及语言学处理，如分词、字音转换等，以及一整套有效的韵律控制规则；第二步需要使用语音合成技术，能按要求实时合成高质量的语音流。因此，文语转换有一个复杂的、由文字序列到音素序列的转换过程。

3. 语音处理

语音处理即语音形式的自然语言理解与语音形式的自然语言生成。

（1）语音形式的自然语言理解。语音形式的自然语言理解又称语音理解，它是由语音到计算机中的知识模型的转换过程。这个过程实际上是由语音识别与文本理解两部分组成的。其步骤是：①用语音识别将语音转换成文本；②用文本理解将文本转换成计算机中的知识模型。

经过这两个步骤后，就可完成从语音到计算机中的知识模型的转换过程。

（2）语音形式的自然语言生成。语音形式的自然语言生成又称语音自然语言生成，它是由计算机中的知识模型到语音的转换过程。这个过程实际上是由文本生成与语音合成两部分组成的。其步骤是：①用语音生成将计算机中的知识模型转换成文本；②用文本合成将文本转换成语音。

经过这两个步骤后，就可完成从计算机中的知识模型到语音的转换过程。

思考与练习

1. 人工智能技术中的知识表示法有哪几种?

2. 机器学习的概念是什么?

3. 自然语音处理的步骤是什么?

第七章 大数据与人工智能技术的融合应用

第一节 大数据与人工智能在工业领域的应用

一、工业大数据分析

"工业大数据是在工业领域信息化应用中所产生的海量数据,作为决策问题服务的大数据集、大数据技术和大数据应用的总称。"[①] 工业大数据要求处理数据更高效、数据来源更可靠、数据安全系数更高,注重数据安全管理。掌握工业大数据的优势才能真正地把握未来市场的主动权。

(一)工业大数据应用的四大发展趋势

1. 工业大数据应用的外部环境日益成熟

以工业 4.0 和工业互联网为代表的智能化制造技术已成为制造业发展的趋势,智能化制造技术的研究和应用推动了工业传感器、控制器等软硬件系统和先进技术在工业领域的应用,智能制造应用不断成熟。一方面,正在逐步打破数据孤岛壁垒,实现人与机器、机器与机器的互联互通,为工业数据的自由汇聚奠定基础;另一方面,进一步增强了工业大数据的应用需求,使得工业大数据应用的外部环境日益成熟。

2. 人工智能和工业大数据融合加深

工业大数据的广泛深入应用离不开机器学习、数据挖掘、模式识别、自然语言理解等人工智能技术清理数据、提升数据质量和实现数据分析的智能化,工业大数据的应用和安全保障都离不开人工智能技术,而人工智能的核心是数据支持,工业大数据反过来又促进

---

① 李敏波,王海鹏,陈松奎等. 工业大数据分析技术与轮胎销售数据预测 [J]. 计算机工程与应用,2017,53 (11):109.

人工智能技术的应用发展，两者的深度融合成为发展的必然趋势。

3. 云平台成为工业大数据发展的主要方向

工业大数据云平台是推动工业大数据发展的重要抓手。传统互联网大数据的处理方法、模型和工具难以直接使用，增加了工业大数据的技术壁垒，导致工业大数据的解决方案非常昂贵，云平台的出现为工业企业特别是中小型工业企业随时、按需、高效地使用工业大数据技术和工具提供了便宜、可扩展、用户友好的解决方案，大大降低了工业企业拥抱工业大数据的门槛和成本。

4. 工业大数据将催生新的产业

除了云平台外，新的大数据可视化和人工智能自动化软件也能大大简化工业大数据的数据处理和分析过程，打破了大数据专家和外行之间的壁垒。这些软件的出现使得企业可以自主利用工业大数据，做相对简单的工业大数据分析，以及外包复杂的工业大数据应用需求给专业工业大数据服务公司，从而催生新产业，包括工业大数据存储、清理、分析、可视化等相关的软件开发、外包服务等。

（二）发展工业大数据的方法路径

发展工业大数据可以从以下四点入手：

第一，整合各工业行业的数据资源，建设工业互联网和信息物理系统，推动制造业向基于大数据分析与应用的智能化转型。

第二，推动大数据在研发设计、生产制造、经营管理、市场营销、业务协同等环节的集成应用，推动制造模式变革和工业转型升级。

第三，加快建设工业云及基于工业云的应用等服务平台。依托两化融合和"中国制造2025"工作平台及政策体系，开展工业大数据创新运用。

第四，开展智能工厂及精细化管理大数据应用试点。

二、人工智能与工业4.0

随着人工智能技术的进一步发展，人工智能和工业的结合也受到了各国政府的高度重视，建设智能工厂成为各工业企业的紧急任务。在经过蒸汽技术革命、电力技术革命、计算机及信息技术革命三次工业革命后，人工智能将带来全新的第四次工业革命，实现高效、安全、便捷化的"人工智能+工业"。工业4.0聚焦于制造业的智能化水平，以建立智能工厂为目标。

　　人工智能技术在机械手臂、机器视觉和大数据上的突破，为现代工业的制造、安检和销售等各方面带来创新，在不久的将来一定能实现建立智能工厂的目标。

（一）工业 4.0 即智能制造

　　工业 4.0 的主旨是在现代通信技术和网络技术的帮助下，将制造业向智能化转型。换言之，工业 4.0 即智能制造。工业 4.0 战略有两个重要的组成部分，即智能工厂和智能生产。智能工厂面向的是传统工厂的智能化转型问题，重点研究建设智能化的生产系统和过程，以及生产设施的智能化更新和分布。智能生产研究的重点则是工厂在生产过程中如何运用新技术实现生产效率的最大化。

　　工业 4.0 提出的智能制造是一种新的生产模式，是信息技术与制造技术的深度融合与集成。众多智能工厂通过移动互联网和物联网的系统交互形成庞大且完整的制造网络，而智能工厂内部的社会化设备、智能产品、高素质操作者等则通过企业内部的通信机制实现沟通，其中包括生产数据的采集与分析、生产决策的确定等。

　　工业 4.0 有四个方面的特点：①生产智能化。利用人工智能信息网络，智能工厂的生产通信将变得更加流畅，生产速度大大加快；②设备智能化。在人工智能技术的帮助下，工厂的生产设备能够自动判别生产环境，对生产过程进行调节；③能源管理智能化。具有无障碍的通信系统，工厂中的电力系统、楼宇控制系统、电力微机综合保护系统等都能实现智能化，做到能源的最优分配；④供应链管理智能化。智能制造是一个完全整合的系统，从原料的配送到产品的运输，供应链的管理会从全局考虑，统筹安排更加合理的管理体系。

（二）机械手臂与工业制造

　　在大型产品的工业生产中（如汽车制造行业），机械手臂的应用已经十分普遍。但是，随着工业生产对自动化的需求越来越大，机械手臂也开始逐渐进入小型加工行业。小型加工行业的原料和产品的重量相对较轻，不强调机械手臂的举重能力，更重视机械手臂的细致操作能力。因此，机械手臂的小型化和智能化成了必然趋势。

1. 小型化

　　机械手臂的小型化不只是其外观的尺寸要缩小，其活动半径也要缩小。机械手臂的尺寸和操作半径越小，越有利于实现生产线的密集部署。

　　传统的机械手臂尺寸比生产工人大得多，再加上要为机械手臂保留一定的安全空间，工厂引入机械手臂时不仅不能实现密集部署，甚至还需要投入更多成本去重新设计生产线。当机械手臂小型化后，工厂就不再需要增加成本修改现有生产线以适应机械手臂，可直接用机械手臂代替生产工人进行流水作业，从而提高生产效率。

2. 智能化

人工智能机械手臂的智能化依靠的是智能力觉传感器和视觉传感器。在一些精细化的机床加工生产中，人类可根据触感和视觉等灵活调整加工程序，人工智能技术的入驻将帮助机械手臂实现这种操作。通过对工人操作流程的深度学习，人工智能机械手臂对加工的应对方案储备充分的知识。当智能传感设备收集到材料的特性时，人工智能软件将指导机械手臂进行定点的精细化操作。

机械手臂本身就可在程序的指令下进行精准作业，人工智能技术和传统机械手臂的结合赋予其更加灵活的操作能力，其精准作业的特性可以发挥到极致，在实现高效统一的工业产品生产上具有十分重要的作用。

(三) 机器视觉与工业安检

机器视觉也被称为"自动化的眼睛"，在工业生产中具有非常重要的作用。与其他感觉方式相比，视觉无须和被观察的对象接触，因此对观察者和被观察者都不会产生伤害，十分安全。这也是机器视觉得到广泛应用的最重要的原因。和人眼相比，机器视觉具有许多优点：

第一，速度方面。机器能够更快地检测产品，而且可以用来检测一些人眼无法分辨的高速运动的物体，如高速生产线上的产品；而人眼没有机器反应快，受人的年龄、健康、精神状态等因素影响，不稳定。

第二，准确性方面。机器视觉的精度能够到达千分之一英寸，而且，随着硬件的更新，精度会越来越高；而人眼由于生理条件限制，能分辨的精度有限。

第三，成本方面。机器视觉作业效率比人工高，无生病、休假等情况，平均成本较低；而人需要正常的休息，不能不停歇地工作，成本较高。

第四，重复性方面。机器视觉由于检测方式的固定性，对同一产品的同一特征进行检测，结果相同，具有较强的重复性；而人眼对同一产品的同一特征进行重复检测时可能会得到不同的结果，重复性差。

第五，客观性方面。机器视觉检测结果不受外界因素的影响，客观性强；而人眼受到人的情绪、生理状况影响较大，经常出现结果不客观的情况。

第六，检测范围方面。机器视觉可看见红外线、超声波等肉眼不可见的多种物质，以及肉眼可见的物质；而人眼只能看到肉眼可见的物质。

由以上优点可知，机器视觉可以探测到如红外线、超声波等人类观察不到的信号，而且无须休息，可以实现 24 小时观测，这对环境较为恶劣的工业生产来说具有非常明显的优势。因此，机器视觉在工厂中有很高的经济效益。机器视觉可以利用人工智能的机器学习技术，加强对工厂环境的检测。通过机器学习技术，机器视觉可以充分感知各种条件下不安全环境和安全环境之间的差别，提高工厂环境的安全性。

机器视觉在工业安检方面的应用有三个具体案例：①精准识别工厂员工。大多数工厂对进入工作区的人员的管控很严格。传统的解决办法是监控摄像头和门房人员相结合，但不能完全消除隐患。如果利用机器视觉对进入工厂的人员进行全方位监控，就能实现高精度的面部识别，杜绝闲杂人等混入工厂中。②消防安全。利用机器视觉对红外线、温度等数据进行检测，可实现对火灾等隐患提前预警，减少事故的发生。③电气安全。工厂工作环境中的用电安全同样重要。机器视觉可以检测全厂的电路情况，防止电路出现过载、短路等现象。

（四）人工智能与工业产品销售

工业 4.0 明确指出，由于各种智能设备的进入和信息化进程的推进，工业将产生各种各样的数据。这些数据就是工业 4.0 的核心，是其区别于传统工业生产体系的最根本的特征。这些数据可运用于工业产品销售方面，起到精准营销的作用。利用人工智能的深度学习，工业大数据的分析会变得越来越精准，能够深度挖掘消费者的需求，促进生产部门不断改进产品。

与单纯的大数据分析营销相比，人工智能背后的大数据营销更加注重"智能"。人工智能技术的深度学习能力将供应链、物流仓储和生产制造三个方面的数据进行结合分析，为营销人员提供了更好的决策参考。

在工业 4.0 时代，工业企业的数据会随着智能化进程的推进以爆炸式速度增长。这也给人工智能的营销决策提供了学习分析的大数据土壤。随着人工智能营销技术的更新迭代，工业企业的营销能力也会得到极大的提升。

三、工业 4.0 时代的智能工厂的建设策略

随着工业 4.0 的提出，"智能工厂"的概念也得到了人们的广泛认可。一方面，人工劳动力成本日益增加，企业招工困难；另一方面，人工智能等新兴技术的出现为各大企业推进智能工厂建设提供了良好的技术支撑，一时间各大工厂纷纷寻求转型升级。

（一）结合核心价值链与信息化落地

在建设智能工厂的问题上，首先要搞清楚建设智能工厂最关键的因素是什么。良信电气副总吴煜曾经表示，在迈向工业 4.0 的过程中，企业要关注的关键因素是质量。"质量"不仅仅指最简单的产品质量，更重要的是打造健全的全价值链质量平台，实现平台信息化。

企业信息化能够充分提升企业的竞争力，是建设智能工厂最重要的部分。企业信息化涉及的主要领域有四个部分，包括企业资源规划（ERP）、供应链管理（SCM）、客户关系管理（CRM）和产品生命周期管理（PLM）。因此，打造全面信息化的智能工厂，需要将 ERP、SCM、CRM、PLM 等信息化系统的管理体系做到固化落地，消除信息孤岛。

通过企业信息化，能够实现智能工厂以下五个方面的目标：

第一，产品智能化。通过打通 PLM 和其他多个系统，实现协同设计，将产品生命周期中的各个过程转化成结构化的数据和文档，输入系统的数据长期有效，便于实现系统自动化数据。

第三，生产方式智能化。在生产过程中利用 ERP 等系统进行管控，打开生产过程中的"黑箱"，实现生产过程透明化、可追溯等目标。

第三，物流智能化。利用 SCM 系统进行统筹管理，减少线边库存，提升配送响应度和配送过程的透明度。

第四，设备智能化。利用各个信息系统之间的数据交流，实现对生产线、机械手臂等精确调控，成功实现产品生产过程中的自动化和智能化。

第五，管理智能化。各个信息系统之间实现横向的沟通和交流后，生产流程和程序信息就能实现深度融合，为产品的项目管理提供更多智能决策参考。

建设智能工厂的关键是打造全价值链质量平台，实现信息化落地。只有打通信息化管理的壁垒，才能建立起深入到企业内部的"智能化"体系。

（二）建立清晰的智能工厂标准

智能工厂的核心在于结合全价值链质量平台，实现信息化落地，仅拥有自动化生产线和工业机器人的工厂还不能够称为智能工厂。智能工厂涵盖的领域非常多，衡量一家工厂是否真的"智能"需要建立一定的标准。一般来说，智能工厂有以下五大衡量标准：

第一，是否实现"车间物联网"。传统的工厂中只存在设备与设备之间的通信，人与设备之间的交互还需要接触式操作。在真正的智能工厂中，人、设备、系统三者之间应构建起完整的"车间物联网"，实现智能化的交互式通信。当建立起"车间物联网"后，车间内的所有人与物都可通过物联网得到连接，方便管理。

第二，是否利用大数据分析。随着工业的信息化进程加快，工厂生产所拥有的数据日益增多。由于生产设备产生、采集和处理的数据量与企业内部的数据量相比要大很多，因此智能工厂能够充分利用大数据技术对数据进行分析。

在工业生产的过程中，设备产生的数据每隔几秒钟就被收集一次。大数据技术利用这些数据能够建立起生产过程的数据模型，与人工智能技术结合，不断学习优化生产管理过程。同时，如果在生产过程中发现某处生产偏离了标准，系统就会自动发出警报。

第三，是否实现生产现场无人化。智能工厂的基本标准是自动化生产，不需要人工参与。当生产过程出现问题时，生产设备可自行诊断和排查，一旦问题得到解决，立刻恢复自动化生产。

第四，是否实现生产过程透明化。在信息化系统的支撑下，智能工厂的生产过程能够被全程追溯，各种生产数据也是真实、透明的，通过人工智能系统可以轻松实现查询与监管。

第五，是否实现生产文档无纸化。智能工厂一定是环境友好型工厂，因此目前工业企业中的众多纸质文件（如工艺过程卡片、质量文件、零件蓝图等）就是不符合要求的。所以，智能工厂的一个重要标准就是实现生产文档无纸化。

生产文档实现无纸化管理，不仅减少了纸张的浪费，还能杜绝纸质文档查找困难的问题，大大提高了工作人员检索文档的效率。

这些标准表明，建设智能工厂是全面、系统的工作，具有自身的衡量标准。只有明确智能工厂的标准，并在建设过程中逐一落实，才能确立适合自身的智能企业建设方案。

（三）建设智造单元

在建设智能工厂的过程中，建设智造单元的策略得到了大多数企业的认可。有人称智造单元是"智能制造落地最有效的抓手"。由此可见，建设智造单元是实现智能工厂的必经之路。

智能工厂本身是一个非常复杂的系统，需要从整体上考虑。当落实到具体的生产线时，就需要从构建智造单元做起。

智造单元从工业生产中的基本生产车间出发，将一组功能近似的设备进行整合，再通过软件的连接形成多功能模块集成，最后和企业的管理系统连接在一起，形成一体化。

智造单元可以用"一个现场，三个轴向"来表述：①资源轴。资源轴的"资源"是抽象意义上的资源，可以是任何对象，包括员工、设备、工艺流程，也包括精神层面的企业文化。②管理轴。管理轴是指生产过程中的要素管控和运行维护过程，包括对产品的质量、成本、性能和交付等的管理把控。③执行轴。执行轴是 PDCA 循环的体现，即计划（Plan）、执行（Do）、检查（Check）、行动（Action）。

智造单元实际上是一个最小的数字化工厂，本身可以实现多品种、小批量（单件）的产品生产。更重要的是，智造单元能够最大限度地保护工厂的现有投资，即工厂既往的设备都可以被重复使用。如此，工厂的投资成本就会得到控制，对推进智能工厂的建设十分有利。

智造单元是智能生态的最小单元，能够充分组合工厂现有的资源和设备，在整体的智能环境下让已有设备的功效和效率达到最大化，体现了智能制造的调控柔性。

（四）加强人机配合

智能工厂的本质并不是"无人工厂"，而是在合理控制成本的前提下实现人机配合，满足市场的需求。因此，在推进智能工厂的建设时，加强人机配合以追求人机协同发展的策略十分重要。

在工业 4.0 的背景下，工业产品的市场需求朝着个性化的方向发展。智能工厂的人机配合形式充分利用机器人去完成重复性的工作，将人力解放出来进行创造性的工作，以满足消费者的个性化需求。

（五）培养科技意识

随着人工智能技术的发展，智能工厂中运用的技术也一定是日新月异的。因此，企业在建设智能工厂时，要积极尝试新兴的人工智能技术，培养科技意识。运用以下三种技术可以更好地建设智能工厂：

第一，智能语音+ERP（企业资源规划）应用。通过人工智能的智能语音唤起 ERP 应用，可以大大简化诸如功能调用、信息录入等操作。ERP 延伸到与工厂设备连接时，还能够利用语音唤起工厂设备的运行，提高生产效率。

第二，图像智能扫描识别。利用人工智能的图像智能扫描识别功能，可以快速生成单据和凭证，避免手工录入，减少人工的工作负担和录入差错的可能性。

第三，增强现实技术。增强现实（AR）技术也是值得关注的重点。利用 AR 技术，维修人员可以通过扫描相应的二维码，将虚拟模型和实物模型重合在一起，同时经过人工智能软件的分析给出相应的维修建议，从而提高维修效率。

总之，建设智能工厂不是一朝一夕的事情，但是已经有实际案例在不断探索。所以在实现建设智能工厂的道路上，企业必须牢牢把握住这五大策略，建设真正意义上的智能工厂。

第二节　大数据与人工智能在教育领域的应用

随着人工智能的持续升温，其在教育领域的应用也崭露头角，"人工智能+教育"的新型教育模式开始为更多人所认知，并得到了资本的青睐。

一、高校教育与高校教育管理的本质

高校教育管理的根本旨趣，就是通过教育和涵养、熏陶和浸染、培养与赋能，使学生具有发现幸福、创造幸福和体验幸福的能力，使学生更加优秀。可以说，优秀和幸福是高校教育管理所有的价值所在。

（一）高校教育的本质

教育的两大基本功能包括：促进人的发展和社会发展。教育是人与社会关系的中介，人与社会是教育的两端。教育的本质是培养人的活动，人是教育的对象，教育促进人的发展和人的社会化；教育在一定的社会环境中进行，社会为教育提供物质和精神教育资源。人的发展和社会的发展是一致的，因此教育促进人的发展和促进社会的发展的功能具有本质上的一致性。促进人的发展，即德、智、体、美诸要素的关系，是教育的内部关系；教育与社会经济、政治、文化的关系，是教育的外部关系。

但是，从根本上来讲，教育是帮助受教育的人，使他发展自己的能力，完善自己的人格，即润泽生命、开启智慧。归根到底，教育者还是要守护他的精神高地、守护他的内心。一个人的内心感觉是否幸福、是否宁静、是否有力量，从某种意义上来讲，最终还是要回归教育本质、回归幸福本质、回归爱的本质。高校是学生进入社会前的最后一站，是培养"大学之人"的摇篮。

（二）高校教育管理的本质

高校是培养协调发展的高素养人才的一种特殊社会组织，高校的关键业务有三项：教学、科研和管理，教学和科研目标的实现离不开科学管理，教育目标的实现，更离不开科学管理。管理的终极之善是改变他人的生活，这对高校教育管理有重要的启示。高校教育管理的终极之善是改善各类办学要素状态及其组合状态，共同服务于培养具有丰富精神、高尚品德、独立思考、情善意美的社会普适性人才。高校教育管理是协调高校内部各要素之间、内部要素与外部要素之间关系，对有限的资源进行合理配置，使之与环境更相适应，从而更好地实现办学目标的重要方法和手段。

高校教育管理水平的高低，是衡量教育现代化程度的基本尺度。高校教育管理的水平直接影响高校教育教学的水平和质量，影响高校办学目标的实现。高校教育管理包括教学管理、学生管理、科研管理、师资管理、物资管理、财务管理及服务管理等内容，其中，教学管理、科研管理和学生管理是重点。高校教育管理是一种特殊的管理，它的管理对象是活生生的人，高校除了财和物的管理，更重要的是人的管理——教师和学生。

管理是一把双刃剑，管理的艺术在于借力，力的本质是能量及其特殊的存在方式。借力的关键是要增加协同力，通过密切的目标接触等办法，增加动力源，促进动力释放；同时，也要通过避免接触障碍的方法，减少阻力的能源，减少阻力释放。在管理也是生产力的时代，高校应树立"向管理要效益"的观念，充分认识提高高校教育管理水平对于提高资源利用效率、激发师生教和学积极性的重要意义，不断提高管理水平和能力。

二、大数据对高校教育管理的影响

大数据给高校数据采集、治理模式、教育教学、考核评估等方面带来革命性的力量。

1. 数据采集

局限于技术、人力和物力，传统高校数据采集主要以管理类、结构化和结果性的数据为重点，关注教育整体发展情况，这种反馈机制在一定程度上对于高校教育决策、规章制度的制定起到了积极的作用。但是对于学生、教师、科研的实时掌握情况却远远不够，对于不好的结果也不能提前预测和预防，而多是事后补救型，从而使高校教育管理处于被动局面。

随着大数据技术强力渗透到各行各业，高校教育数据的采集将面临新的变革。互联网、物联网和大数据技术支撑下的高校智慧校园，不仅在采集数据的数量上超越传统高校，而且在数据的质量及数据的价值方面都具有传统高校数据所不可比拟的优势。高校教育管理大数据具有非结构化、动态化、过程化及微观化的特点，处理程序更加复杂、深入和多元化。学生的学、教师的教，一切活动都处处有迹可循。数据流源源不断，通过数据分析师的大脑加工，产生源源不断的智慧流，从而促进高校教育管理更加科学化、人性化。当然，高校大数据采集和管理的宗旨是：功能是必需，情感是刚需，以人为本。

　　然而，高校教育管理对象及活动的复杂性，加上缺乏商业领域标准化业务流程，导致高校教育管理大数据的采集活动呈现复杂性的特点。在高校教育管理大数据的分析中，要特别强调因果关系，虽然国际大数据专家舍恩伯格认为更应重视相关关系，但是教育以培养人为根本目标，它不同于商业数据，无须追根求源，教育大数据不仅要"知其然"，更要知其"所以然"。通过技术分析和处理，挖掘高校教育管理大数据所体现的规律并揭示问题背后的根本原因，最终寻找破解之道、应对良策，从而更好地提升高校教与学的活动效果。

2. 治理模式

　　利用数据进行决策，已经在管理中形成共识。在数据时代，高校决策模式、治理模式都将面临转型。传统高校治理属于"精英治理"，受限于校园信息化程度和智能化程度不高，学校各项事业发展方案、措施、策略等不能广泛传达至师生，民主意识较强的管理者顶多召开一个小范围的研讨会，或者以开会的形式传达，而这种正式会议过于严肃和拘谨，缺乏自由、轻松的氛围，不利于异质声音的表达，也就意味着不能将群众的真正声音传递到决策者耳中。

　　在以互联网、物联网、云计算、大数据及移动终端为技术支撑的慧校园中，高校可以实现由"管理"向"治理"的转变，更好地实现治理的民主化、科学化。高校管理者与师生不受时空限制的互动交流有四点优势：①收集有利于学校发展、各项业务完善的群众智慧；②传达学校发展战略、思路，形成上下合力；③拉近干群距离，将各种矛盾化解在萌芽状态；④决策处处留痕，实现阳光政务，防止权威"任性"，促进决策的规范化、科学化。

3. 教育教学

　　利用大数据技术开展翻转课堂教学改革或在线教育是当前高校教育管理变革的重要内容。高校学生数量庞大，是运用信息技术的主要群体，也是高校教育管理大数据的重要生产者和使用者。可以根据学习平台上不同学生对各个知识点的不同用时、不同反应，来确定要重点强调的知识和决定不同的讲述方式。大数据教学有两大优势：①私人定制；②大规模个性定制。

　　私人定制即借助适应性学习软件，通过相关算法分析个人需求，为每一名学生创建"个人播放列表"，并且这种学习的内容是动态的。通过大数据分析，对提高学生个体学业成绩需要实施的行为作出预测，决定如何选择教材、采取什么样的教学风格和反馈机制等。大规模个性定制指根据学生差异对大规模学生进行分组，通过相同测验，有更多相似性的学生会被分在一组，相同组别的学生也会使用相同的教材。大规模个性定制教育的成本并不比批量教育成本高出许多。

在线教育的浪潮是继印刷术发明之后，教育领域面临的最大变革。人类教育的形式由古代学徒制、到近现代的学校制、再到在线教育的个性化，是教育形式的螺旋上升，既解决了教育产品的量的问题，又能很好地解决教育产品的质的问题。大数据的教育潜力很大，运用前景广阔。以行为评价和学习诱导为特点的在线教育平台，仅是影响高校教育的"冰山一角"。

4. 考核评估

在大数据时代，从数海中找到当前教育管理的问题及其影响因素和根本原因，用易懂的数据关系诠释深刻的哲学道理，是这个时代的重要特征。大数据促进高校教育管理评估从注重经验向注重数据转变，从注重模糊宏观向注重精准微观转变，从注重结果向注重过程转变。高校教学活动是大数据评估最常用的领域，从广义上理解，高校大数据应是人类学、社会学、社会关系学背景下的大数据。高校内部大数据系统一定要与外部社会大数据系统建立起融合关系或者连接关系，这样才可能从知识、情感、能力、道德等全方位、多维度了解学生，制定个性化发展方案，有效避免以学习为中心，从而更好地实现以素质教育为中心的教育旨趣，更好地培养符合社会需求的高水平专业人才。

首先，高校利用大数据技术，对人才培养、产业发展及社会信息等数据的采集要提前布局，要有连续的数据对其进行支撑，每个地区的生源情况、就业情况要有长期连续的动态数据，这样才能从数海中预测经济发展、社会人才需求、高等教育未来发展趋势等，及时调整学校发展战略，促进人才培养模式改革。

其次，大数据技术可以实现考核评估的革命性改变，高校教育管理者利用回归分析、关联规则挖掘等方法帮助教师对学生学习状况、思想状况、社交状况等进行全方位的掌握，关注学生的生长过程，实现评估的全方位化和立体化，从而优化教育管理策略，提高教育管理效果。学习分析系统，是一种基于云计算的学习分析系统，包括数据采集、数据存储、数据分析和数据呈现四个模块，能将学生执行学习任务的相关数据进行分析后实现可视化，并实时呈现到教师的设备屏幕上，便于教师对课堂教学的及时调控。

最后，利用大数据技术可以建立起教师科研、教学的预警机制，对于教学质量监控、科研趋势等设置报警区域，达到设定的域值，系统自动报警提醒管理人员重点关注一些教师。基于大数据技术，创新高校教育教学评估体系，使之更加多元化、智能化、个性化，实现由传统基于分数的评价向基于大数据的评价转变，由传统的结果评价向过程评价转变。

三、人工智能教学模式

在传统的教学模式中，"以老师为中心"的教学模式是最常见的。随着教育研究的深入和科技水平的发展，"以学生为中心"的教育模式成了教育专家所建议的最佳教育模式，也成了教育改革的目标。

"以学生为中心"的教育模式强调激发学生的自主学习能力，为学生提供个性化的教育，并在充分利用现代科技的基础上，通过互联网为学生提供全部的教育资源。但由于科技手段的限制，许多教学过程都无法达到"以学生为中心"的目标。当人工智能技术与教学手段结合后，智能语音技术能够帮助英语课堂获得更好的教学效果；批改作业系统能够将老师从单调的作业批改工作中解放出来，从而有更多精力去开展备课等教学活动；智能分析技术能够充分分析学生的特点，帮助老师做到因材施教；人工智能支持的游戏化教学平台使课堂更加有趣，充分激发学生的学习兴趣。

总之，人工智能教学模式能够使课堂变得更加高效，为学生提供个性化的教学，也能够为教学领域带来新的发展契机。

（一）智能语音系统

现代智能教学模式具有以下四条优点：

第一，趣味导入激发学生的学习兴趣。任何课程都需要一个好的课程导入过程，这样不仅能够把学生的注意力集中到课堂上，而且能够激发他们的学习兴趣，在上课时积极主动地学习新知识。在利用畅言语音系统进行课程的导入时，老师可将与课程内容有关的图片展示出来，运用识别笔进行触点，放出语音。例如，在英语教学过程中，老师利用畅言语音系统对贴有隐形识别码的图片、简笔画等进行触点，使无声的图片能够与学生进行语音互动。这样一来，学生与这些实物的互动过程能够激发学习兴趣，使学生对所学单词的印象更加深刻。

第二，活跃课堂教学气氛。课堂气氛是影响学生学习的重要因素，活跃的课堂气氛能够将学生的注意力集中在老师的教学过程上，提升教学效果。智能语音系统可以帮助老师活跃课堂气氛。例如，该系统自带的魔音功能可以模仿学生们喜爱的人物声音与学生进行交流。当学生的注意力有些不集中时，老师通过魔音功能能够充分刺激学生的听觉，活跃课堂气氛，吸引学生的注意力。

第三，创设情境巩固操练。在英语教学活动中，课堂练习（如小组口语练习、情景练习等）是学生对所学知识进行巩固的最基本的活动形式。因此，老师在这个环节也应充分提高学生的参与度，加深学生对学习内容的理解。

智能语音系统能够为课堂练习创设不同的情境，辅助学生进行巩固操练。例如，在英语课堂中，学生需要练习英语单词，老师就可以用识别笔点触事先准备好的隐形识别码，让智能语音系统发出声音，创设出具有情景模式的场景，加深学生对单词的印象。

第四，提高老师的专业水平。以英语为代表的语言类教师岗位对老师的专业水平具有很高的要求。由于客观原因，我国英语老师尤其是农村英语老师的英语专业水平不容乐观，这给英语教学带来了一定的障碍。智能语音系统具有发音纯正的语音系统，可以帮助老师不断修正语音上的不足。同时，智能语音系统还能够及时更新课外读物，帮助老师不断学习新知识，丰富课堂教学内容。

与传统的教学教具（如录音机、英汉词典等）相比，智能语音系统的交互性特点十分突出，而英语课堂教学只有在教学双方具有良好互动的情况下才能达到最好的效果，所以智能语音系统更有助于提高英语教学效果。

（二）智能批改作业

在教学过程中，对学生的作业进行批改是老师了解学生情况的重要手段之一，也是占用老师大量精力的环节。尽管批改作业可以让老师充分了解学生对所学知识的掌握程度，以此作为制定下一步教学方案的依据，但是由于有的作业只是辅助学生进行知识巩固，不具有暴露学生学习薄弱点的作用，因此如果能够实现对作业的智能批改，就能够为老师节省大量的时间和精力，使老师能够更好地完成钻研备课等其他教学活动。

"智能批改"的概念十分火爆，但实现起来并非易事。在实现智能批改的过程中，需要利用智能识别技术对手写文字进行识别，对逻辑应用进行模型分析。也就是说，智能识别技术是智能批改的基础。

最初级的智能批改是中、高考最常用的一种批改模式——机器批改。这种模式利用微机读卡技术能够对学生的客观题进行批改，从而提高阅卷效率。但由于对手写题目的批阅需要更高的识别技术和数字化转换技术，因此不能完成智能识别的机器并不能实现智能批改。只有结合人工智能技术，才能够真正实现智能批改。

"OKAY"智慧教育和 MyScript 公司及微软合作，实现了智能批改的教育全场景覆盖。"OKAY"智慧教育利用了 MyScript 公司的手写识别技术，能够完成对学生手写答案的数字化转换，然后结合微软的人工智能分析技术对数字化转换后的作业进行比对，实现智能化批改。

在智能识别领域，MyScript 公司一直走在世界前列。MyScript 公司的手写识别技术能够对各种手写信息进行识别，包括数学符号、各国语言、图形等。即使人们在书写过程中出现偶然的笔顺变形，笔迹也能被精准地识别并完成数字化转换。微软的人工智能技术则能够实现对海量题库进行学习、比对，从而对每一类题型的解法生成智能比对结果，在面对已经完成数字化转换的学生作业时就能够实现智能批改。

智能批改在教育变革中具有十分重要的作用。智能批改能够让教学过程中最重要的教育生产力——老师，从繁重的作业批改中解放出来，让他们有更多精力充分备课或进行其他教学活动。智能批改系统不会遗漏任何一名学生的成绩，能够更好地向老师展示学生的学习情况，辅助老师制订教学计划，实现因材施教。另外，智能批改的速度极快，能够让老师及时得到反馈，能够使随堂测验更加高效地完成，有更多时间讲解学生没有理解的问题。

除了"OKAY"智慧教育以外，"爱作业"也是一款可以实现智能批改的 App，将人工智能技术应用于小学数学的口算作业批改，减轻了家长和老师的负担。无论是家长进行单份作业检查，还是老师给全班批改作业，只要将作业拍照上传至"爱作业"App，就能实现 1 秒批改。"OKAY"智慧教育受到广泛好评和"爱作业"的用户激增都说明了智能批改作业的实际需求巨大，而人工智能技术在智能批改上的应用使智能批改终于从理想变为现实。当人工智能为各行各业带来变革时，人工智能最终也会以智能批改为起点，为教育行业带来新的浪潮。

（三）智能分析技术

在现代应试教育的大环境下，老师要想根据学生的特点制定个性化的教学方案是十分困难的。在科学技术尤其是人工智能分析技术的支持下，因材施教有了可行的方法。

通过人工智能技术，有以下两种途径可以实现因材施教的个性化教学。

1. 构建、优化智能模型

人工智能的智能分析技术能够为用户构建和优化学习内容模型，帮助用户更加准确地发现适合自己的学习内容。国外的分级阅读平台就是典型的案例。它能够为用户推荐适合其水平的阅读材料，并在阅读材料后附有相关的小测验。在用户完成阅读和测验后，平台会对其答案进行智能分析，生成阅读数据报告，既可用于下一次推荐，也方便老师掌握学生的学习情况。

2. 自适应平台

要想做到教学过程中的因材施教，就必须了解学生的学习特点。具有智能分析的自适应平台能够满足这个要求，为学生提供个性化的学习方案。

以自适应平台的代表 Knewton 为例。Knewton 为全球的发行商、学校及学习者提供课程推荐和预测分析，它具有三项重要功能：智能推荐课程、预测性的学习数据分析和结果数据分析。

在获取学习者的学习数据后，Knewton 能够为学习者推荐一些合适的课程。在学习者经过一段时间的学习后，Knewton 能够预测性地告知学习者未来能够达到的学习程度。当学习者完成学习后，Knewton 会对学习者的学习结果进行分析，评估课程对学习者到底起到了哪些作用，以便更精准地推荐学习材料。

在教学过程中，实现教学的反馈环是十分重要的，即形成"老师提出问题—学生解决问题—学习成果反馈—老师发现问题—老师有针对性地调整教学方向"的正向循环。

这个闭环在老师和学生的数量比例合适时（如一对一的教学）十分容易实现，但当学生数量增多时，学生的个体差异就会使这个闭环难以实现。然而，人工智能分析技术可以帮助实现对学生的智能分析，从而提高老师为学生制订个性化学习计划的效率，也使因材施教真正成为可实现的目标。

四、人工智能与教育融合发展的前景与面临的挑战

人工智能时代的高度智能化和信息化给教育带来的影响主要体现在智能教学环境、智能教师资源、智能教学技术和智能学习技术等方面。从当前的应用现状来看，人工智能与基础教育正不断融合，虽然可以初步做到优化学习路径，提供个性化学习服务，在技术和应用上也在不断创新，但理论研究与实践应用相对不足，人工智能与教育的深度融合面临的挑战也不断地凸显出来。因此，未来人工智能的发展需要在以下三个方面加强：

（一）以应用能力为导向，加强高素质综合型人才的培养

随着人工智能市场经济的高速发展、产业结构的优化调整和技术的不断升级，人工智能教育需要的不再是具有单一学科背景的理论技术人才，而是具有思维推理能力、问题解决能力和创新能力等的高素质综合型的优质人才。优质人才的培养分为以下两个方面：

第一，复合型技术人才培养。人工智能教育是融合了多种学科理论的交叉科学，因此，应加强人工智能与多学科交叉融合研究，培养具有多学科理论基础的复合型人才，将当前研究成果落实到实践。

第二，"AI"教师的培养。未来优秀的教师将是懂得"AI"技术方法和擅长使用人工智能产品的教师，课堂将从传统的单一课堂向"双师课堂"转变，在教学过程中，智能导

师与"AI"导师相互配合，协调完成教学目标。因此，要改变教学模式、革新教学方式、更迭教学环境、制定完善的教师培训体系，加强"AI"教师的培养。

（二）以个性化检索为导向，完善人工智能教育数据库

在智能场景方面，庞大的人工智能教育数据库是发展智能教室、智能学习空间等人工智能场景的重要条件之一。当前，由于教育资源库中存在大量的异构数据库，阻碍教育资源共建共享机制的完善，还没有形成统一的标准。

因此，未来的发展首先要对现有教育资源进行标准化处理，将各类优质教育资源融合，协调统一的规范技术和标准，实现更大范围的信息资源共享。要建立教学资源存储云数据库。考虑当前资源现状，有两种途径：①将教育资源信息工作交给第三方，以便拥有安全快捷的云计算服务；②构建独立的教学资源共享服务中心，以便具有较强的专业性和针对性。

（三）以需求为导向，深化人工智能技术的实践与创新

人工智能技术在基础教育阶段的应用需要关注技术本身对智能教学场景、智能教师资源、智能教学技术和智能学习技术等要素所发挥的作用。其着力点在于智能教室、智能学习空间等人工智能场景的实现和以基础教育阶段学生需求为导向的自适应学习系统，下一步主流技术的开发和与教育的融合应把人类积极性情感问题的因素考虑其中，设计需求明确、实用性强的产品，深化人工智能技术的实践与创新。

人类正步入人工智能的新时代，人工智能与教育正深度融合。"人类+机器"是现在，不是未来。而这种"现在"正在迅速地引领教育走向人工智能时代。随着越来越多的学生对科技越来越熟悉，人工智能将逐渐变成学校课堂中不可或缺的一部分。在人工智能对基础教育影响越来越大的今天，我们应更好地完善人才培训体系，加强人工智能技术的研发与创新，完善教育资源共建共享机制，实现教育的更进一步发展。

第三节　大数据与人工智能在医疗领域的应用

一、医疗大数据的特点

"伴随着我国经济的不断发展，网络不断普及，我国的医疗卫生也在向着信息化不断

迈进，在医疗信息化中也越来越多地运用到了大数据技术。"① 医疗大数据是指在医疗服务过程中产生的与临床和管理相关的数据，包括电子病历数据、医学影像数据、用药记录等。医疗大数据除了具有大数据的"4V"特点外，还包括时序性、隐私性、不完整性等医疗领域特有的一些特征。

第一，规模大（Volume）：1 个 CT 图像约为 150MB，1 个基因组序列约为 750MB，1 份标准的病历约为 5GB；1 个社区医院数据量约为数 TB 至 PB。

第二，类型多样（Variety）：包含文本、影像、音频等多类数据。

第三，增长快（Velocity）：信息技术发展促使越来越多的医疗信息数字化，大量在线或实时数据持续增多，如临床决策诊断、用药、流行病分析等。

第四，价值巨大（Value）：医疗数据的有效使用有利于公共疾病防控、精准诊疗、新药研发、医疗控费、顽疾攻克、健康管理等，但数据价值密度低。

第五，时序性：患者就诊、疾病发病过程在时间上有一个进度，医学检测的波形、图像均为时间函数。

第六，隐私性：患者的医疗数据具有高度的隐私性，泄露信息将造成严重后果。

第七，不完整性：大量来源于人工记录，导致数据记录的残缺和偏差，医疗数据的不完整搜集和处理使医疗数据库无法全面反映疾病信息。

第八，长期保存性：医疗数据需要长期保存。

二、医疗大数据分析系统

当前正处于一个数据爆炸性增长的时代，各类信息系统在医疗卫生机构的广泛应用以及医疗设备和仪器的逐步数字化使得医院积累了更多的数据资源，这些数据资源是非常宝贵的医疗卫生信息，对于疾病的诊断、治疗、诊疗费用的控制等都是非常有价值的。如何在大数据的趋势下做好医疗卫生信息化建设，是值得我们去探索的问题。

就现在来说，大数据在医疗行业的应用情况，国外比国内要多一些。国外一些医疗机构利用大数据提供个性化诊疗、个性化治疗、研制新药和预测分析等。而国内大数据的发展，目前来看大部分都是由一些公司自己进行开发的。

从现在的技术和需求来看，大数据的发展趋势分为数据收集、数据预测、提供决策支持分析、数据的价值提取四个阶段。就医院而言，在这个数据发展阶段，可以承担多重角色。医院既可以是原始数据供应者（主要是内部数据、结构化数据），也可以是数据产业

---

① 刘艳丽，俞莉，龙建成. 医疗大数据的应用 [J]. 医疗装备，2017，30（16）：64.

投资者、数据价值消费者。目前，医疗大数据的发展正处于数据集成阶段。医院对于数据的收集和管理主要集中在结构化临床业务数据、影像数据与病历扫描图像数据、科研文献资料数据等。像医疗设备日志数据、生物信息数据、基因数据、人员情绪数据和行为数据等都还未进行收集和产生。

在大数据趋势下，建设医疗信息化的四个关键要点如下：

（一）加强数据集成

异构系统是医院信息系统发展的必然形态。异构数据库系统的目标在于实现不同数据库之间的数据信息资源、硬件设备资源和人力资源的合并和共享。

随着信息化技术的发展，医院的信息化已经从一体化发展阶段迈入了集成化阶段。集成化作为当前医院信息化建设的关键，是医院信息化建设的主要内容，在更大层面上体现着医院信息化的效益，更加考验医院和信息中心的建设能力。医院信息化的集成工作不单纯是把电子病历集成化，其他一些非电子病历的数据也需要做集成化处理。只有打通各个系统的数据，才能为以后进行大数据分析打下扎实的基础。

（二）提升数据质量

医院信息系统每天采集、传输、存储和处理大量的数字医疗数据，这些医疗数据支撑着整个信息系统的运行，成为医院管理和医疗业务工作的基础。医疗数据质量的高低直接影响和决定着医疗数据和统计信息的使用价值。提升数据质量方面，要保证数据的完整性，对电子病历进行结构化处理，更有效地进行数据的收集。同时，也要个性化地发展，专科电子病历作为比较火热的领域，为医院的大数据科研打下了非常好的基础。在数据的可用性方面，数据质量一定要有标准可以遵循，医院对于数据的质量要有一个监控的过程。在遵循标准的同时，对数据采集的过程也要进行规范化和标准化的管理。

（三）提高数据安全

医疗数据和应用呈现指数级的增长趋势，也给动态数据安全监控和隐私保护带来了极大的挑战。2016年6月，国务院发布了《关于促进和规范健康医疗大数据应用发展的指导意见》，将健康医疗大数据作为国家重要的基础性战略资源。国家对于健康医疗大数据的安全十分重视，将"规范有序、安全可控"作为基本原则中最重要的一项。健康医疗大数据应警惕数据安全，保护患者隐私，这样才能真正实现数据融合共享、开放应用。

（四） 推进大数据应用的三大维度

在大数据时代的发展过程中，医院的信息管理方式出现了非常明显的转变，其中的信息数据已经呈现出了非常显著的特征。但是，大数据距离临床业务发展成熟仍然是有距离的，目前科研还是大数据应用的主要战场。要更好地推进大数据的发展应该做到：①扩大医疗信息化的覆盖面；②信息化在一个领域中要有深入的应用，比如高值耗材要深入到床旁、手术台旁等；③医院要利用信息化进行互联互通，产生协同效应。

三、医疗大数据处理模型

医疗大数据平台中的数据从医院信息平台获取，依据相关业务应用经整合、加工后，供医护人员、患者和医院管理人员使用，医疗大数据处理模型包括以下五点：

（一） 数据获取

数据获取即根据应用主题从医院信息平台获取相关原始数据存储于医疗大数据平台数据库。

（二） 数据整合

数据整合是将从医院信息平台抽取的业务数据按照统一的存储和定义进行集成。医院信息化经过多年的发展，积累了很多基础性和零散的业务数据。但是数据分散在临床、医技、管理等不同部门，致使数据查询访问困难，医院管理层人员无法直接查阅数据，若对数据进行分析利用，则需要综合不同格式、不同业务系统的数据。

（三） 数据加工

将整合后的数据进行清洗、转换、加载，根据业务规则建立模型，对数据进行计算和聚合。

（四） 数据展现

数据展现即数据可视化，为方便医护人员、患者和管理人员理解和阅读数据，而采用相关技术进行数据转换。

（五） 数据分析

医疗大数据分析可服务于患者、临床医疗和医院管理。基于患者就诊过程的医疗大数据的分析与应用可以制作一个模型，该模型可以展现从患者入院到出院过程中产生的相关数据，主要包括以下五点：

1. 患者特征数据

患者特征数据主要有主诉、现病史、检查检验类数据，涵盖疾病的主要症状、体征、发病过程、检查、诊断、治疗及既往疾病信息、不良嗜好，甚至是职业、居住地等信息。

2. 病种数据

即患者疾病的诊断结果，一般有第一诊断、第二诊断、第三诊断等。

3. 治疗方案与费用数据

根据诊断结果，为患者提供的治疗方案与费用数据主要包括药品、检查、检验、手术、护理、治疗六大类，此外，费用数据还有材料费、床位费、护理费、换药费用等。

4. 治疗状态数据

治疗状态数据即患者出院时的治疗结果，一般分为治愈、好转、未愈、死亡四类。

5. 管理类数据

除了患者就医过程中产生的服务于医院管理的数据外，还包括医院运营和管理系统中的数据，如物资系统、HRP、财务系统、绩效考核系统等产生的数据。

四、人工智能的医疗应用

目前，行业治理、临床科研、公共卫生、管理决策、便民惠民以及产业发展已经成为我国健康医疗大数据的六大核心应用。AI 应用以前三者为重点分析对象，聚焦于行业治理的体制改革评估、医院管理和医保控费；临床科研领域的临床决策支持药物研发、精准医疗等方面；公共卫生则在多元化数据检测的基础上构建重大突发事件预警和应急响应体系，同时探索开展个性化健康管理服务。在应用开发方面，IT 巨头和数据驱动型创新企业各有特点，除此之外，拥有丰富资源的政府和医疗机构也开始扮演重要的角色。

（一）智能辅助诊疗

借助大数据分析挖掘技术，在医院大量疾病临床资料的基础上，将同种疾病不同患者的就诊数据根据体征、环境因素、社会因素、心理因素、经济因素等多个角度划分为不同的组，以选择适合不同组的检查检验类型、治疗方案类型等。当有新的患者来医院就诊时，医生可进入系统，依据该患者的特征数据将其进行分类，然后为其选择个性化的诊疗方案。

（二）影像数据分析与影像智能诊断

影像数据分析与影像智能诊断即借助 PACS 系统，在尽可能保持图像数据准确性和真实性的条件下，首先利用多维影像融合（CT/MRI/PET-CT）技术等对影像数据进行配准、分割、聚类，经过 PACS 处理的影像数据，进一步通过人工智能技术进行病灶识别等数据上的挖掘和应用，可有效减少医生的负担，提高医学判断的精准性。

（三）合理用药

合理用药是根据疾病种类、患者状况和药理学理论选择最佳药物及其制剂，制定或调整给药方案，以期安全、有效、经济地预防和治愈疾病。除了执行国家药物政策、规范医疗行为、加强药学服务等措施之外，通过临床合理用药审核、咨询系统来规范临床医师的用药行为也是提高合理用药水平的有效措施。可采用大数据技术，依据患者的病历病史、疾病诊断、医嘱信息、用药信息、过敏信息等进行用药安全警示，如药物禁忌审查、配伍禁忌审查、药物相互作用审查等，及时发现不合理的用药问题。此外，可对医院历史处方数据进行大数据挖掘，分析抗菌药、注射剂、基本药物等占处方药的百分比，检验医院处方开具的不合格率，为规范医疗行为提供数据支持。

（四）远程监控

远程病人监控系统包括家用心脏检测设备、血糖仪、芯片药片等。远程监控系统包含大量的医疗数据，可从远程监控系统中收集患者相关体征数据，经分析后再将结果反馈至监控设备，围绕体征数据的采集，对相应波动规律进行分析和判断，结合患者的病史资料，确定今后的用药和治疗方案。同时可减少患者的住院时间，缓解医院门、急诊排队拥堵的现象。

（五）精准医疗

大数据分析技术通过收集电子病历系统中患者个人的完整临床诊疗记录、同病种相似患者的临床诊疗记录，并结合患者的基因信息，利用生物信息学分析工具、本体、数据挖掘等大数据分析技术，对所收集的数据进行整合分析，以精准查找致病病因，形成精准临床诊断报告，并为患者提供最佳治疗方案，达到治疗效果最大化和副作用最小化的目的。

（六）成本与疗效分析

以生存期和生活质量为临床疗效评价指标，通过比较不同治疗方案之间的健康效果差别和成本差别，为包括单病种控费、总额控制等在内的多种支付方式提供支持，实现在有效控制医疗费用的前提下提供最佳的临床诊疗方案。

（七）绩效管理

通过大数据技术对医院床位使用率、财务收支、门/急诊量等医疗绩效指标数据进行分析，提供全方位的、精细化的、个性化的绩效评价体系。以美国为例，为减少再住院率，特地建立了一个模型来评估再住院风险，这为医院和病人节省了大量开支。

（八）医院控费

药品收入占比较大、大型医用设备检查治疗和医用耗材的收入占比增加较快、不合理就医等导致的医疗服务总量增加较快等，均是导致医院医疗费用不合理增长的原因。通过大数据技术测算各病种诊疗过程中的药品、检查、检验、手术、护理、治疗等方面的合理费用及补偿水平，同时针对医疗费用控制的主要监测指标进行数据分析和挖掘，积极控制医院费用的不合理增长，实现医院精细化管理。

（九）医疗质量分析

医疗质量是评价医院医疗服务与管理整体水平最重要的标准，一直以来都是医院工作的核心。利用大数据分析技术将医疗质量数据转换为管理人员所需要的指标信息，按照患者特征、历史资料、图表信息等为管理层提供数据支撑和依据，是医疗大数据重要应用的体现。

此外，医疗大数据和人工智能在疾病发病趋势预测、健康状况评估、患者需求与行为分析、心电数据分析与心电智能诊断方面的应用也将越来越广泛。

第四节　大数据与人工智能在金融领域的应用

一、投资前瞻

做投资，基于产业的独立思考与判断必不可少，同时也应当总结创业失败公司的普遍性原因，做到防微杜渐。回顾历史，温故知新，进而前瞻性地捕捉投资机会并顺应趋势的变化，在正确的赛道上做正确的事情。

（一）基于产业分析的独立思考与判断

投资是一个需要在不确定性中发掘趋势性的行业，不仅需要预测产业链的趋势，也要预测产业链的拐点；投资是一个需要长期积累的行业，从短期来看，行业赛道虽然拥挤，但是从 5 年、10 年甚至更长时间来看，赛道上同时期竞争者逐渐变少，新的赛道也在逐渐开辟；投资也是具有较强周期性的行业，美林时钟的周期性体现得尤为明显，当资本市场下行压力较大时，募资和投资都会变得更为困难。

投资行业的"二八效应"明显，优秀的 20% 的投资人赚取了 80% 的利润。因此，投资者要有基于产业分析的独立思考与判断，具有前瞻性的长远眼光，能在适当的时机做出恰当的判断，才有可能成为优秀的 20%，而不会随波逐流。

（二）前瞻类型

1. 行业前瞻

股权投资推动科技创新及人类社会进步，并带来效率提升和更美好、更便捷的生活方式。我们之前在一些相关影片里看过一些未来科技带来的新生活方式，很多场景目前已经实现，如利用 VR 获得沉浸式体验，运用机器人进行一系列手术，通过云计算获得某个机构的数据进而计算推演未来等。

以人工智能、清洁能源、机器人技术、量子信息技术、可控核聚变、虚拟现实以及生物技术为主的新一轮工业革命（亦称"第四次工业革命"）已经吹响了号角，这是重大的历史机遇，也面临着前所未有的挑战。一方面，"大众创业，万众创新"政策鼓励企业积极创新，目前中国已成为全球股权投资第二大市场；另一方面，私募股权基金的退出渠道增加。私募股权基金在发展过程中也面临很多挑战，如竞争日益白热化、投资的区域性明显、私募股权"头部效应"明显等。

现在正处于工业革命4.0的时代，需要明确以下两个要点：

（1）明确时代背景。生产力和生产效率提升使我们站在了新一轮工业革命的起点，也是许多产业的转折点。纵观过去十年中国经济的发展，更多的是 O2O、文娱等消费和服务类行业的增长及进步，人工智能、生物技术、光电芯片等真正的硬科技还相对滞后。

（2）当今时代背景下的赛道选择问题。选赛道非常重要，选择正确的行业赛道意味着朝正确的方向奔跑，反之亦然。选择符合国家战略发展方向和符合世界发展趋势的产业进行投资，让资金流向科技创新以及消费升级等领域，流向能够更好地为人们生产、生活、消费服务的地方。大健康、大数据、人工智能、万物互联等赛道因为行业和市场空间足够大，可以出现现象级的企业，有望涌现出更多"独角兽"企业。

例如，面对人口老龄化不断加剧的形势，精准医疗、生物工程、养老产业在全球范围内依旧是具备巨大发展潜力的产业，中国更不例外，人口基数大，老龄化时代迅猛来临，巨大的养老市场需求，有望促进看护型机器人、再生医学、干细胞疗法等领域出现新的技术突破。大数据的深入挖掘与应用将会给人们的工作和生活带来一场新的信息革命，科技将带领人们突破人类潜力的极限，由物联网连接的可穿戴设备可能会把相关实时信息通过芯片直接植入人们的身体之中，人们可以利用来自物联网和大数据的信息来加深对世界以及自己的了解。机器人和自动化系统也将会无处不在，自动驾驶汽车会使交通更加安全与高效，还可能会出现共享自动驾驶汽车。这是由大的历史背景决定的，技术发展是指数型的，一旦超越某个水平线，就很可能成为"奇点"。

2. 组织形式前瞻

如今二手份额转让基金（又称 S 基金）越来越活跃。不同于通过 IPO 退出，基金或者项目的份额转让由买卖双方磋商达成，交易价格一般为估值乘以折价比例。二手份额交易策略能缩短现金回流时间，增强现金流动性。一般来说，现金回报是 J 曲线，二手份额跳过了前面的等待期，使得现金回流速度更快，因为比较靠后期，投资风险也会小很多。

母基金也会越来越活跃。市场化母基金通过对不同 GP 基金管理人投资风格和投资策略的了解，加上政府引导基金的支持，未来将逐渐成为私募股权基金行业的发展主力。优秀的母基金精选头部 GP 管理人机构，还可以跟投优秀 GP 管理人的优质项目，通过精准跟投，提升母基金收益。

大数据及人工智能技术可以辅助投资决策分析，通过大数据及人工智能技术挖掘投资中创业失败企业之间、创业成功企业之间的共性原因，寻求市场优质二手份额转让基金，并通过前瞻性的比对使决策更有效率。

二、投资决策分析

（一）投资类型划分

1. 根据投资阶段划分

股权投资基金按照投资阶段进行分类，通常分为天使基金、VC（风险投资）基金、PE（股权投资）基金和并购基金。天使基金主要投资初创阶段的企业或项目，VC 基金主要投资成长初期的企业，PE 基金主要投资商业模式比较成熟、利润规模稳定增长、具有

IPO 潜力的企业，并购基金一般是由市场化基金与上市公司、大型企业集团等产业资本方共同发起设立，投资具有并购协同价值的标的，主要目的是协助产业资本开展横向或纵向扩张，有利于未来的产业布局。

不同阶段的投资逻辑是不同的，如天使投资的逻辑并不能完全适用于 VC 企业，所处的发展阶段不同，呈现的特点也不同，因此对不同发展阶段的企业，投资逻辑不同，关注的侧重点也不同，需要使用不同的投资决策模型来支持决策，未合理确定企业的发展阶段或混淆了不同阶段所适用的投资理念，都可能会使投资失败。

2. 根据投资目的划分

按照投资人的投资目的来分类，可分为战略性投资人和财务性投资人。战略投资人一般不是为了追求短期盈利，会参与企业的部分经营决策。战略投资人通常为相关行业的经营者，通过投资上下游行业可实现纵向拓展业务线，增强自身主营业务竞争力。所以战略投资人通常追求较为长期的收益，一般通过现金流折现的方法来进行建模，选择的时间周期也较长。

财务投资人的投资目的与战略投资人截然不同，财务投资人主要追求短期内就获得资本增值收益。财务投资人通过对投资标的未来 3~5 年的业绩进行考量，判断其是否会在短期内快速成长。

（二）投资决策模型的考量因素

股权投资需要重点关注五点：①外界因素包括宏观经济运行情况、行业发展状况、时机；②团队基因包括创始人、管理层、核心技术人员；③产品与运营包括产品及服务、核心竞争力、商业模式、规模；④财务情况包括成长性、估值；⑤法律状况包括关联交易、股权结构、同业竞争等。

投资人除了要考量所投企业未来可能带来的潜在收益，更需要关注投资项目的风险。项目风险主要来自六个方面：①实际控制人风险；②主营业务风险；③财务风险；④法律风险；⑤经营管理风险；⑥项目运作风险。

一般投资决策模型需要对各影响因素进行全方位的考虑，投资决策的基本架构包括以下方面：

1. 企业生命周期

企业的生命周期是企业发展与成长的动态轨迹，包括创立、成长、成熟、衰退几个阶段。投资时期多集中在前两个阶段以及成熟期的拐点之前，避开衰退期以及成熟期拐点之后的阶段。

对于投资者来说，最重要的莫过于看准投资的时机。较早期的项目，运营模式还不够成熟，企业盈利模式还不够清晰，投资风险较大。而后期的项目，由于行业趋向成熟，行业的整合使市场集中度提高，企业内控也趋于完善，企业管理、商业模式等都走向科学化，所以后期的估值一般会比前期的估值要高。一般情况下，较为理想的投资策略为每一个新兴领域成为热点之前的 2~3 年，看准时机进行投资。

2. 经济周期

经济周期，也称商业周期、景气循环，一般是指经济活动沿着经济发展的总体趋势所经历的有规律的扩张和收缩，是国民总产出、总收入和总就业的波动，呈现出周期性波动的特点。

一般把经济周期分为繁荣、衰退、萧条和复苏四个阶段，表现在图形上叫衰退、谷底、扩张和顶峰更为形象，这也是现在普遍使用的名称。

3. 产业（行业）周期及趋势

投资主要是为了获得未来的收益。按照巴菲特的投资理论，好的投资标的应该具有以下几个特点：过去有长期稳定的业务、有特许经营权、未来具有长期竞争优势。投资除了要看项目本身，还需要注重判断行业所处时期。一般情况下，企业的发展趋势与行业的发展趋势存在正相关关系，在一个处于衰落期的行业中出现一个快速成长的企业是很困难的。

已经处于成熟期的行业，主要包括一些传统行业，它们的市场容量空间有限，甚至已处于萎缩阶段，这些企业经过长期竞争，形成了比较稳固的竞争格局，有较为坚实的进入壁垒。

对于一些新兴产业，现存的供给者数量非常少，供需之间巨大的差异为新的行业进入者提供了爆发式增长的机会，具有巨大的发展空间。在这个过程中，团队战斗力强、运营机制良好的企业更具有脱颖而出的可能性，更容易出现爆发式增长。

4. 可持续发展能力

投资人在对项目进行评估时，仅看历史业绩是远远不够的，更重要的是要关注其是否具有可持续发展能力。有的项目在创业初期获得了较多的受众群体、大量的订单和收入，但可能是依靠某些不正当竞争的资源或者仅仅凭先发优势获得的，随着这些资源效用逐渐降低或强大竞争对手介入，若产品或服务的复购率、使用率大幅度降低，便无法在最有利的竞争时机扩大市场占有率和企业规模，从长远来看，企业发展的可持续性就会大打折扣。

5. 规模

被投资者普遍看好的"独角兽"企业通常需要足够大的规模，不仅是企业自身规模的大小，还需要考虑标的企业所处行业的市场规模大小以及上下游产业链的成熟程度，这些因素决定了企业扩张空间的大小。有的行业具有巨大的市场体量，可以支撑足够大的估值。例如电商行业，就具有较高的行业天花板，在电商企业的扩张阶段，交易行为易于标准化，可以快速积累客户资源，实现规模效应。

然而，对于某些行业，虽然市场需求广阔，但产品或服务难以标准化，扩张需要付出更多的人力、财力、物力，每单位消耗的成本和费用都要明显高于其他行业，实现规模化的难度相对来说也要高于其他行业，发展速度和发展空间都会受影响。

因此，从投资的角度考虑，要重点关注那些市场规模足够大、行业天花板足够高的领域。

6. 团队

创始团队是影响企业发展的最关键因素之一。一般越是在早期，创始团队对企业的影响越大，能直接左右企业的运营和发展。随着经营模式和商业模式逐渐成熟，管理和制度逐渐完善，企业形成了具有比较优势的核心竞争力，管理层的影响程度将会被逐渐弱化，但依旧是一个需要重点考量的因素。

一般情况下，好的创始团队是创业成功的必要条件，需要兼备专业性和全面性。只懂技术不懂运营，则可能在对企业未来的规划方面有所欠缺。只懂得管理却不懂技术或产品，那么企业可能在内生性可持续增长能力方面具有劣势。从经验来看，创始团队成员若能深入了解所处行业，拥有深厚的技术积累和丰富的运营经验，精准把握行业痛点，深刻理解产品或服务的核心竞争力，将更容易脱颖而出。

相较于所拥有的经验而言，对创始团队更为重要的是持续学习能力。在企业发展过程中，生产规模逐步扩大，员工人数不断增多，管理愈加规范化，与资本市场的联系越发紧密，管理层对企业的治理方式也要随着客观情势的变化而逐步优化。经验主要代表过去，若变成经验主义，则会适得其反，整个行业和市场环境都处于不断变化之中，随时可能出现产品的迭代和技术的革新，已有的技术和经验若跟不上这种深刻的变化，过去的优势就可能成为企业长远发展的重大障碍。

所以，除了考量一个企业的已有优势与劣势，投资者还要关注企业管理者对新技术、新理念的学习态度、学习能力和执行情况，考察企业的人员流动情况、培训机制和实施效果。除了企业的运营团队，还有一个能够对企业产生较大影响的因素，即实际控制人。实际控制人作为企业的拥有者，拥有对企业经营管理的最终决策权（部分企业通过协议或合同的方式约定，实际控制人不参与企业的运营），可以决定企业未来的走向。

7. 商业模式

"商业模式"一词最早出现在风险投资领域，它高度凝练地描述了企业主营业务的运转规律和逻辑，简明扼要地概述了企业的经营模式和盈利模式。在经营模式上，一般投资者会关注创新性和可行性；在盈利模式上，一般投资者会关注成长性和稳定性。

针对不同的行业，对商业模式的关注点不尽相同。例如：餐饮业的投资者应当关注单店成功运营的关键要素以及这种成功是否可以大规模复制，如海底捞等；零售行业则一般重点关注资金在运营过程中的周转速度和周期，资金周转较快则表明盈利模式可能相对更优。

8. 产品及服务

这里所说的产品及服务是指企业的主营业务，集中体现了企业的核心竞争力。它可以是具体实物产品，如钢铁、汽车；也可以是网络服务，如游戏、App 等；也可能是提供的某种劳务，如顾问、医养护理、培训等。

每个创业者在项目启动前，都应该清楚自己的核心竞争产品是什么，具体如何通过这个产品创造价值并获得利润。部分项目可能由于自身的特性无法快速实现扩大化和规模化，但依旧需要花费时间和精力去思考更高层级商业化的路径。在实际创业过程中，创业者会发现最初预设的商业模式经过市场的反复检验后并不一定适用，因此，如何根据具体情况变化及时调整运营方式和发展方向，是对团队巨大的考验。

判断一个团队是否可靠，不仅要看团队成员之前各自取得的成就，还需要考察团队与项目所在行业的相关程度。因为即使同处于一个大的行业中，每个细分行业之间的差别也非常大。例如：在养老行业中，养老地产领域中的佼佼者不一定了解养老护理领域的痛点；在 IC 行业中，做存储芯片的企业有可能会转行做显示芯片，跨度还是比较大的。

因此，创业者对细分市场的定位越精确越熟悉，越可能用最小的成本实现最大的效用，从竞争者中脱颖而出。

如果创业者不能够静下心来聚焦自己的产品和服务的质量，总是好高骛远，想着一步到位，动辄希望建立一站式的全方位服务，或是建立一条打通上下游的全方位生态链体系，希望在短时间内就做成一个惊人的规模或是快速达到一个准上市的标准，则这种企业投资者尤其需要甄别。

9. 财务状况

经营能力主要体现在三个方面：正确的经营方向、可持续的营运能力、可观的获利能力，这三个方面都可在企业财务报表上体现出来。

财务状况可以反映企业的历史经营业绩以及现阶段的收支情况，长期经营能力的评价还需要全面考察企业的核心竞争能力与可持续经营能力。

（1）在看企业财报时，要重点关注"非经常性损益"这一项。在判断盈利和成长时，非经常性损益所创造的价值，如出售不动产等，所获收益不是可持续的，需要剔除。

（2）关注无形资产的占比。相比于固定资产，无形资产发生资产减值的可能性更大，这很有可能是由于技术革新等因素而发生大幅度减值，在负债不变的情况下会使资产负债率大幅度提高，带来营运风险。所以一般来说，当无形资产占比超过行业平均水平的标的时，投资者需要重点关注其原因。

（3）关注资产负债率和产权比率。资产负债率和产权比率都是用于衡量企业长期偿债能力的指标，两个指标在侧重点上有些差别。资产负债率又称举债经营比率，在资产负债表上，总资产＝负债+所有者权益，等于负债总额与资产总额的比值，揭示的是总资本中负债的比例，它是用于衡量企业利用债权人提供资金进行经营活动的能力，也是反映债权人发放贷款安全程度的指标之一。产权比率，即股份制企业中，负债总额与所有者权益总额的比率，侧重于揭示债务资本与权益资本的相互关系，说明企业财务结构的风险性，以及所有者权益对偿债风险的承受能力。

（4）关注企业主营业务收入的发展轨迹。企业销售额如果处于一个上升的趋势，即使企业还未达到收支平衡，其发展潜力也能增强投资者的风险偏好。

（5）关注薪酬支付比例。从这个比率可以看出，企业所获的利润中，有多少用于扩大再生产，有多少是自用。

综上所述，如果一家企业经常性损益和无形资产很少，产权比率和薪酬支付比率较低，销售收入保持一个稳健的增长，则不难判断，这个企业倾向于成为行业内的佼佼者。

此外，在识别风险时，还需综合考量资产负债表、利润表、现金流量表等科目间的内在关系：①公司利润增幅较大，但经营性现金流净额持续为负值，则公司可能存在潜在的流动性风险或财务造假风险。②观察应收账款周转率与营业收入的关系。周转率的不稳定，间接反映营业收入的不稳定，这可能源于提前确认，可能源于向渠道压货，可能源于公司产品市场竞争力下降等。③企业持续经营需要稳定的现金流。通常来说，现金最好来自利润留存，而不是再融资或财务杠杆。④比较净资产收益率和融资的机会成本，探索公司盈利能力的强弱，并分析可能的原因，是投资回报率下降，行业发生了变化，还是公司本身产品竞争力下降等。

10. 成长性

标的企业的成长性对投资成败影响极大。成长性受很多因素的综合影响，如行业需求、市场潜力、企业运营水平、管理的科学性等。

（1）有足够好的产品的企业，通常有较高的销售增长率。某产品在市场上供不应求，一般受两个因素的影响：①整个行业处于成长和扩张期，市场需求潜力巨大；②企业自身的产品竞争力优于竞争对手，拥有较高的市场占有率。

（2）企业运营质量高低也是影响企业成长性的一个重要因素。企业若能够平稳度过瓶颈期，并且没有发展的天花板，则一个合理而有效的运营体系，如高水平的销售体系，能够帮助企业拓宽市场，打破限制条件；如成熟的成本控制体系，在质量一定的情况下，具备成本方面的比较优势更容易让企业在行业内脱颖而出；如良好的劳动和人事关系，管理层基本稳定、部门之间能有效配合、团队凝聚力强，有良好的企业文化，都会对公司发展产生巨大的推动作用。

11. 投资收益预测和估值

根据风险与收益之间的关系，项目可以大体分为四类：高风险低回报、低风险低回报、高风险高回报、低风险高回报。

对于高风险低回报的项目，大多数投资人是不会投资的。对于低风险高回报的项目，通常是可遇不可求的，如果可以遇到这类项目，需快速综合评估，尽量抓住这样难得的投资机遇。一般情况下，投资者所能接触到的项目，大多是高风险高回报的项目。

对拟投资标的进行合理估值，需要与其所处的行业实际情况相结合，综合运作多种评估指标，同时与其竞争对手进行同行业比较，要动态地识别企业的内在优劣势，仔细甄别其比较优势和比较劣势等。只有综合各方面因素进行整体考量，才能做出相对客观的判断。

12. 价值

在二级市场上，倡导价值投资，即在选择股票的时候，要注重上市公司的基本面，这种方法基本上可以规避重大投资风险，因为通过基本面研究对企业的内在价值有了合理判断后，即使短期内因为二级市场"情绪波动"导致股票价格下跌，最终股票价格也会回归内在价值。当然，对于公司基本面的判断也必须保持一种动态调整的态度，以免犯"刻舟求剑"的错误。

在一级市场上，绝大部分投资人主要关注投资回报的实现期限，关注企业的收支平衡点、实现盈利的时点以及如何实现退出。收回成本并获取收益是投资者的价值目标，资金是有机会成本的，每个基金都有自己的收益标准，如果不能覆盖这个成本，则说明投资活动没有获得成功。

13. 风险与安全边际

投资活动通常是收益与风险并存，多数情况下呈正相关关系。越是新兴的行业，越是前沿的技术，越是初期的项目，越有可能获得高倍的收益，但投资失败的风险也越高。

投资需在风险与收益之间识别平衡点，在不确定性中寻求一个可以承受的风险，同时尽可能地提高收益。为了实现这一目标，需要根据投资人自身的实际情况，选择合适的风险控制模型进行科学评估。建立一个适合自身风险承受能力的投资模型，需要投资者不断实践，不断总结经验，在吸取教训的基础上逐渐形成一套自洽的投资理论体系。

例如，在 PE 投资中，通常追逐风险极低化，风险是第一考虑因素，在这个基础上再追逐较高收益。在 PE 投资中，追求的是标的确定性。确定性不仅仅局限于某单一标的的确定，还可以通过总体的确定性来实现整体投资成功率的提高。

三、智能金融

（一）腾讯金融云

面对新时代智能化的变革，腾讯金融正在加快自身的技术发展，提出了"人工智能即服务"的观点，致力于打造腾讯金融云。

目前，腾讯金融云的客户数量很多，囊括了四大银行、各大股份制银行、城市商业银行、农村商业银行、民营银行、互联网金融保险公司、传统保险公司、证券公司、基金公司等各类金融机构，是国内金融科技企业使用最广泛的平台之一。

在智能金融到来之际，采用云架构、链接、数据智能、监管科技是当前金融科技发展的新趋势，其具有以下优势：

第一，采用云架构能够为金融企业带来更大的业务弹性和更快的响应速度，让互联网金融获得更好的场景适应性，在新场景出现时也更容易获得安全性和合规性。第二，链接是互联网时代的基础，是行业机构与客户相互沟通的前提。第三，利用人工智能技术挖掘数据背后的价值，可以让金融企业变得更加智能。第四，RegTech 的应用符合金融监管趋于严格的发展趋势。

腾讯金融云在人工智能领域已经蓄力多年。提出"人工智能即服务"战略后，腾讯金融云在多个层面提供了新的人工智能开放服务层。在人工智能的三大核心能力（即计算机视觉、智能语音识别和自然语言处理）上，腾讯金融云为金融企业提供了 25 种人工智能服务，如智能客服、智能风控等，助力金融企业构建智能金融生态。

腾讯金融云"人工智能即服务"战略推动着金融行业打造智能金融生态圈，助力金融行业的安全合规与升级。

（二）蚂蚁金服

蚂蚁金服的优势不是金融，而是科技，这也是蚂蚁金服定义自身为 Techfin（科技金融）而非 Fintech（金融科技）的原因。作为一家科技公司，蚂蚁金服的核心关键词就是"人工智能"，其致力于通过人工智能技术驱动公司的所有业务，同时正在加速向其他机构赋能。

支付宝的智能客服"小蚂答"是蚂蚁金服的人工智能技术应用。人工智能的应用使客服变得更加高效，"小蚂答"平均每天可以处理 200~300 万条客户咨询，客户满意率比人工客服高出 3%。

如果用户需要通过电话进行咨询，"小蚂答"可以通过语音识别技术帮助用户直接跳转到相应服务，无须等待提示音的指示。除此之外，"小蚂答"还可以充当"保镖"的角色。"小蚂答"在检测到用户的账户存在风险时会自动启动一键挂失功能，冻结账户；在用户遇到诈骗的情况时，"小蚂答"还可以帮助用户做到一键报案，减少损失。

人工智能技术也让支付宝变得越来越智能。由于支付宝的支线应用较多，有些功能入口"藏"得比较深。在结合人工智能技术后，用户可以通过语音查找的方式直接跳转进入相关页面。另外，人工智能作为蚂蚁金服的核心技术，还提供了如交易风控、基金推荐、贷款准入等一系列业务服务。

蚂蚁金服的科技金融在中国取得出色的成绩后，加快了在其他国家，尤其是发展中国家的推进步伐。蚂蚁金服在中国推动无现金社会的同时，也在世界其他国家积极推动无现金社会。

第五节　大数据与人工智能在安全领域的应用

安全一直是备受热议的问题，它是一个长期的、复杂的全球性问题，关系到国家安危、人民的生命安全，不容忽视且应严肃对待，需借助多平台、多技术且多方发力去解决。大数据技术与人工智能的创新与应用，不仅能够应对数据爆炸带来的挑战，AI 的技术突破使场景理解变得越来越准确，可以让更多的传统行业进行转型升级，还能够创造出巨大的价值，提升社会生产率。现阶段是数字化高速发展的阶段，新时代的信息基础设施已广泛运用，其中包括互联网、物联网、云计算等。在大数据背景之下，合理利用以上信息技术可以有效解决安全问题。大数据技术与人工智能在各个领域得到了广泛应用，尤其在安全方面发挥了重要的作用，如金融大数据安全、城市安全和应急管理、环保大数据、食品大数据、舆情监控等都有非常突出的表现。

一、大数据在食品安全信息监管领域的应用

食品安全大数据的应用对于建立基于预防的食品安全体系起着至关重要的作用。随着互联网和信息技术的发展，我国营造了良好的政策环境以推进食品安全大数据建设。目前，我国正处于新一轮改革发展的关键时期，人工智能技术提供了一个弯道超车的机会。食品安全大数据是一项集食品工程、统计分析、数据库信息管理及计算机网络等领域和技术于一体的复杂工程。人工智能在食物识别、后厨监控和感官评定方面也有应用，人工智能与食品安全大数据的结合加强了食品监管。

信息技术在食品安全中的具体应用有四点：①通过物联网可以追溯系统获取食品原料的产地信息，并进行实时跟踪；②云计算是物联网海量数据的储存、计算中心；③大数据解决的是数据的挖掘与融合工作，是人工智能的基础，是人工智能发展的推动力；④人工智能是一项新技术，通过计算机技术对所收集的数据进行加速处理，达到模拟人类思维的效果，其在食品行业中的地位与日俱增。

（一）食品安全大数据分析处理

食品安全监管贯穿生产、采购、库存与销售等关键环节，通过对从各环节采集的数据信息的分析整合，反作用于食品安全监管的推进，充分展现食品安全大数据的价值。食品安全大数据的基础技术可分为以下四个方面：

1. 食品安全大数据采集与预处理

高效的数据采集和科学分析，能够为长久的食品安全监控发展提供数据支撑，利用传感器、互联网、物联网及 ZigBee 技术等采集特定的数据。食品安全数据的预处理效果将对食品安全数据的挖掘效果产生直接影响。食品安全大数据预处理就是运用数据融合技术，包括数据融合、数据集约、数据清理等，在食品安全数据中消除噪声和冗余点，综合收集多来源数据，以获取更有效、更有价值的食品安全信息。

2. 食品安全大数据的传输与存储

互联网技术使得大数据传输变得异常方便和快捷。在食品安全监控领域中，由传感器、摄像头所产生的即时数据可以运用树莓派、蓝牙、物联网及 Wi-Fi 等途径传输，云计算、互联网、YeeLink 能够分类储存不同的数据，并且对这些数据进行有效的分析，大大提高了处理大批量数据的能力。同时，现代化互联网技术的不断发展，使得一些数据被高效压缩，大幅度减少了数据的储存容量，可对数据进行更方便、有效的管理。

3. 食品安全大数据挖掘技术

目前贝叶斯网络在食品欺诈预测中有应用，能够预测已知产品类别和进口产品的食品欺诈类型，该模型可以正确预测 80% 的食品欺诈类型。决策树能对食品中的化学物质进行监测，有助于对化学物质进行分类，可作为风险监测计划的工具。人工神经网络技术可以学习和模拟对奶酪的感官评定等。这些数据可以在网络订餐、食品包装、食品溯源、风险评估及联合执法等场景中得到应用。

4. 食品安全监管

食品安全监管以政府监管为主导，行业、企业协同管理，社会和消费者共同监督，其中，政府主要通过市场监督管理局、食药局、农业局、商务局、卫计局、经济和信息化局等部门跟进落实，多管齐下，从而打造一个全方位监管环境。

（二）人工智能在食品安全大数据中的应用

1. 人工智能在后厨方面

智能识别 AI 可在食堂或餐厅后厨监控工作人员有无按规定穿戴衣帽口罩和有无老鼠等热血生物出现，还可标记厨房内的设施设备（清洗、消毒、保洁设施），厨房内的工具、容器和其他设备，厨房内的清洗水池（水池配置、标识区分），并记录其使用状况。

相对于传统的监管模式，人工智能监控模式大大降低了监管过程中人力物力的损耗，明显提升了食品风险预警的准确率，有效降低了安全风险的发生率。人工智能赋能于食品安全监管，监管水平与监管效能大幅提高，并在行业内、企业间树立了相应的威慑力，在监督市场乱象、维护市场秩序的同时，很好地规范了企业的生产行为。借助于人工智能，通过实时监测，发现问题可及时报警，并自动留取相关证据，很大程度上节约了政府的监管成本，提高了监管精确度，拓展了监管维度，为政府相关政策的决策部署提供了有效数据支撑，强化了食品监管的精细度与透明度，同时也维护了食品安全禁区的高压线。

2. 人工智能在智能配餐方面

人工智能配餐可针对特定人群的不同情况进行科学合理的食材搭配，根据其口味和营养需求定制专属食谱，为消费者提供膳食均衡的营养餐；由于人体健康状况并非一成不变，所以食谱的定制需要考虑多样化、个性化和周期性问题，而智能配餐日常为用餐者提供的食谱能解决该问题。结合人工智能发展契机，智能餐厅较传统餐饮企业大大节约了人工成本，自动炒菜机可以花更少的时间成本使同一菜品的口味高度统一，精细化的菜品、定制化服务完全迎合当下消费者的个性化需求，提升了消费体验。

同时，结合大数据与云服务对每位顾客的用餐信息和餐厅每天的盈利情况进行智能分析，促进餐厅的优化升级，更好地抢占餐饮市场。

3. 人工智能在开发食品新产品方面

人工智能具有人类所没有的处理庞大数据的优点，可根据各种仪器检测得来的数据进行准确的分析。嘉士伯与微软、丹麦奥胡斯大学和丹麦科技大学合作进行啤酒开发，利用人工智能感应啤酒的口味和气味差别，从而提升开发新品、产品品控和质量检测时的精确度。人工智能还可定制面条，根据个人口味选择烹饪面条的方式、软硬度等。

4. 人工智能在食品检测方面

人工智能在食品检测方面可使用一种可穿戴式设备（eButton）检测食物，这种可穿戴式设备可以连续自动记录佩戴者面前的场景。对 eButton 传输的数据进行交叉数据集测试，其中一半数据集用于训练，另一半数据集用于测试，食物检测的总准确率分别为 91.5% 和 86.4%。

人工智能可以与食品安全碰撞出蕴含无限可能的火花。一方面，它可以加强监督并整治食品市场乱象；另一方面，顺应当前消费市场的走向和人民对高质量生活的追求，它不但可以保证食品的安全无害，还可以让人民吃得营养、健康，切实解决最基本的民生问题，致力于国家的高质量发展之路，让人民有更多的获得感与幸福感。所以，激发人工智能在食品安全领域的创新、创造活力，并持续发光发热，可谓前景广阔。

二、大数据在生态环境安全领域的应用

当前，我国正处于环境质量改善的关键时期，伴随着环境问题复杂性日益凸显和国家对生态环境保护的高度重视，传统的生态环境管理和决策手段已经难以满足新时期环境保护的复杂性、动态性和系统性要求。推动大数据技术及其应用是重要的国家战略，生态环境大数据技术是环境学科的热门研究领域之一。

生态环境大数据系统的功能主要有数据采集与挖掘、数据处理与管理、大数据分析与应用和生态环境管理决策与支撑四个方面。

（一）数据采集与挖掘

构建与环境监测系统相匹配的数据信息采集平台，实现两者的互联互动，将环境监测系统数据实时动态上传至大数据平台。对系统采集的多介质数据进行加工预处理和智能校核，进行各项数据的空间匹配和网格化赋值计算，实现与环境基础信息数据库的衔接。基于计算机深度学习和智能评估技术，对系统上传的各项数据进行动态评估和反馈，不断优化数据采集方案。基于高性能计算机技术，实现生态环境大数据系统的并行批量处理和动态更新，进行大数据挖掘分析和数据展示。

（二）数据处理与管理

基于多源数据采集和互联网大数据挖掘技术，搜集处理研究区域内不同空间尺度、长时间序列的自然地理、气象水文和经济产业、社会人口、资源利用、污染排放和环境质量等基础数据，比较分析不同来源口径数据的可靠性和一致性，将不同数据源、不同格式的多源数据加工处理为互相可对应、可识别、可提取与利用的信息，并对不同类型的基础数据进行空间匹配，建立环境基础信息数据库。建立大数据系统高效的数据查询和索引子系统，包括文件系统、数据库和数据处理等功能模块，实现多源数据库系统管理的性能最优化。依托数据存储系统和基础网络设施，通过图形化的配置界面实现分布的、异构的、跨网络的信息资源的交换共享，以统一标准对外提供数据服务，并对数据进行综合、全面的分析与监管。

（三）大数据分析与应用

生态环境大数据技术及其应用，将进一步深化大数据应用和环境系统分析等领域的科学研究，完善生态环境大数据与模拟平台的理论基础、方法体系和技术框架，对于系统认识区域发展与生态环境保护之间的关系、模拟资源环境承载能力变化与预警、预测生态环境质量变化趋势等具有重要意义。当前，生态环境大数据分析常见方法包括机器学习、深度学习和云计算等，已被广泛应用于生态环境预测评估和管理决策中。

（四）生态环境管理决策与支撑

面向区域环境协同调控和综合决策的需求，结合区域发展战略、环境保护目标、政策制度、标准规范、成本效益、技术进步和环境风险管控等要求，在生态环境大数据分析的基础上，结合区域环境系统分析和数值模型等工具，研究开发多环境介质综合模拟和协同调控系统，实现区域环境多环境介质协同调控和生态环境管理决策与支撑等功能。

三、大数据在信息安全领域的应用

"人类社会飞速发展，互联通信技术不断改良和升级，信息交互越来越频繁，信息积累与日俱增，大数据时代也随之到来。如今大数据这个概念被广泛应用于社会的各个方面，如民生医疗、航空航海、环境保护、法律治安等，大数据并非空中楼阁虚无缥缈，而是真实存在的时代需求。"①

在现如今的阶段，国家的信息安全问题越来越重要，具备良好的信息安全一方面能够从根本上保证个人的信息不被泄露，另一方面对于国家的安全也能够产生十分深远的影响，因此，应该引起人们的关注和重视。目前的网络攻击不但具有组织性，还具有周密性。在这样的情况下，原有的防护思想和安全防御机制应对能力逐渐被削弱，不能够在最短的时间内及时发现黑客的攻击并采取有效的应对措施。长此以往，传统防御方式自身所固有的不足逐渐显现。面对这样的情况，将大数据运用于海量数据的处理，来对各种未知的危险进行有针对性的检测，能够为安全防护带来积极的促进作用，具有积极的影响和意义。

（一）大数据技术防御网络攻击

1. 利用大数据技术应对 DNS 安全威胁

DNS 作为互联网最基础的设施之一，经常被不法分子利用，发起各种网络攻击。比如 DNS 劫持、DNSDDoS 攻击等，目前互联网企业常用的防御方式就是通过网络安全公司接入防劫持/防 DDoS 服务。我国应积极争取获得域名服务器的运营管理权，构筑完整的安全防范体系，积极利用大数据技术，研发高性能、抗攻击的安全 DNS 系统。依托大数据技术建立 DNS 应急灾备系统，缓存全球 DNS 系统的各级数据。同时还可以利用 DNS 解析的大数据来分析网络攻击，积极推动下一代域名服务安全。

2. 利用大数据技术防护 DDoS/CC 攻击

目前 DDoS/CC 攻击依然是最常见的网络攻击方式之一。市场上有很多网络安全公司针对 DDoS/CC 流量型攻击、DNS 攻击以及各类应用层入侵推出了相应的网络安全防护策

---

① 吕彬，张悦，齐标，等. 大数据在信息安全领域的应用分析 [J]. 信息安全研究，2019，5（7）：607.

略，同时还提供加速、缓存、数据分析等功能。可以利用大数据技术对海量日志大数据进行分析，挖掘和发现新的网站攻击特征、网站漏洞等，还可以通过对大数据进行挖掘，定位攻击来源以及获取黑客信息。

3. 利用大数据技术防范恶意软件/木马

基于大数据和云计算技术实现的云安全系统，可以为防范恶意软件/木马起到很大作用。为了对抗 APT 攻击，采用大数据分析技术研发 APT 攻击检测和防御产品，分析定位终端木马的分布、感染的目标终端，可以在大时间窗口下对企业内部网络进行全流量镜像侦听，对所有网络访问请求实现大数据存储，并对企业内部网络访问行为进行建模、关联分析及可视化，自动发现异常的网络访问请求行为，溯源并定位 APT 攻击过程。

基于云计算和大数据技术的云杀毒软件，已经广泛地应用于企业安全信息保护中。云杀毒软件通过网状的大量客户端对网络中的软件行为进行异常监测，获取互联网中木马、恶意程序的最新信息，传送到云端，利用先进的云计算基础设施和大数据技术进行自动分析和处理，能及时发现未知病毒代码、未知威胁、0day 漏洞等恶意攻击，再把病毒和木马的解决方案分发到每一个客户端。

（二）大数据分析预防犯罪

1. 分析数据准备

数据准备的首要任务就是基于犯罪类型对数据进行整理，对于类似的犯罪行为，也会根据危害程度进行更为细致的分组，这些都是进行精确分析的必要准备工作。由于 JMP 强大的图形化分析功能，不仅仅在分析阶段大量使用了 JMP 的图形化分析，在数据准备阶段也大量采用了 JMP 的快速制图。例如，由于对犯罪类型进行过多的分类，反而增加了识别趋势的难度，这时就需要基于分类的情况进行调整，使得犯罪的类型更为合理。通过对数据进行清洗、删减和整合，可以得到分析所需的全部标准化数据。

2. 图形化的分析

JMP 丰富的图形化分析工具，帮助警方快速地进行各项犯罪事件的分析。警方采用了大量的图形进行分析工作，如条形图、折线图、等高线图等。

例如，警方采用柱状图和等高线图进行基于犯罪类型和地理区域的分析工作。通过使用柱状图，警方能够对各种犯罪类型进行分类，这样就可以很清晰地看到不同犯罪类型的情况。通过使用柱状图警方可以很清晰地看到不同类型犯罪的数量以及整体对比的情况，对整体的犯罪情况有一个大致的了解。接下来，通过更多的维度对犯罪情况进行更加深入的分析，警方可以查看不同种类的犯罪行为。

　　除此之外，还可以通过日期和经纬度信息对犯罪类型进行分析，查看不同日期和地点的各类犯罪的对比情况，从而使警方对犯罪情况有一个更加深入的认识。

　　通过 JMP 灵活的图形化分析手段，警方进行了快速的犯罪事件分析，很快就发现了犯罪事件的相关规律，这为更好地进行犯罪事件的预防提供了保障。除了这些常规性的图形分析之外，JMP 还提供了基于六西格玛质量改善的全套工具，能够帮助警方快速识别犯罪类型及其原因，从而帮助警方有效预防犯罪事件的发生，为创建一个更为安全的生存环境提供了极大的帮助。

思考与练习

1. 大数据与人工智能技术的融合应用还表现在哪些领域？

2. 大数据与人工智能技术发展面临的挑战有哪些？

3. 分析大数据与人工智能技术的融合应用模式的利弊。

参考文献

[1] 朝乐门, 王锐. 数据科学平台：特征、技术及趋势 [J]. 计算机科学, 2021, 48 (8): 1-12.

[2] 朝乐门, 张晨, 孙智中. 数据科学进展：核心理论与典型实践 [J]. 中国图书馆学报, 2022, 48 (1): 77-93.

[3] 陈虹, 赵有俊. 云计算下小样本数据库间差异消除方法研究 [J]. 计算机仿真, 2022, 39 (3): 315-318.

[4] 崔晓晖, 李伟, 顾诚淳. 食品科学大数据与人工智能技术 [J]. 中国食品学报, 2021, 21 (2): 1-8.

[5] 邓中国, 周奕辛. 数据清洗技术研究 [J]. 山东科技大学学报（自然科学版）, 2004, 23 (2): 55-57.

[6] 付文秀, 李星. 基于 MBF 的 RFID 冗余数据清洗 [J]. 铁道学报, 2013, 35 (7): 85-89.

[7] 郭超睿, 胡志刚. 大数据背景下人工智能技术在"智慧校园"建设中的应用分析与展望 [J]. 数字通信世界, 2020 (1): 187-188, 213.

[8] 郭婺, 郭建, 张劲松, 等. 基于 Python 的网络爬虫的设计与实现 [J]. 信息记录材料, 2023, 24 (4): 159.

[9] 何大安. 大数据、物联网与产业组织变动 [J]. 学习与探索, 2019 (7): 82-91.

[10] 康睿智, 郝文宁. 数据归约效果评估方法研究 [J]. 计算机工程与应用, 2016, 52 (15): 93-96.

[11] 雷尚君, 李勇坚. 推动互联网、大数据、人工智能和实体经济深度融合 [J]. 经济研究参考, 2018 (8): 50-58.

[12] 李芳国, 张贝克, 高东. HAZOP 知识图谱构建方法 [J]. 化工进展, 2021, 40 (8): 4666-4677.

[13] 李玲娟, 梁玉龙, 王汝传. 数据归约技术及其在 IDS 中的应用研究 [J]. 南京邮电

大学学报（自然科学版），2006，26（6）：52-55.

[14] 李敏波，王海鹏，陈松奎，等. 工业大数据分析技术与轮胎销售数据预测 [J]. 计算机工程与应用，2017，53（11）：100-109.

[15] 刘博罕，何昆仑，智光. 大数据与人工智能技术对未来医学模式的影响 [J]. 医学与哲学，2018，39（22）：1-4.

[16] 刘艳丽，俞莉，龙建成. 医疗大数据的应用 [J]. 医疗装备，2017，30（16）：63-64.

[17] 刘玉华，翟如钰，张翔，等. 知识图谱可视分析研究综述 [J]. 计算机辅助设计与图形学学报，2023，35（1）：23-36.

[18] 卢思安，侯国庆. 基于大数据分析技术的云计算资源预测研究 [J]. 计算机仿真，2022，39（10）：502-505，537.

[19] 吕彬，张悦，齐标，等. 大数据在信息安全领域的应用分析 [J]. 信息安全研究，2019，5（7）：599-607.

[20] 阮敬. 数据科学的编程基础 [M]. 北京：首都经济贸易大学出版社，2019.

[21] 申畯，冯园园，张洁雪，等. 知识搜索中的知识库建设问题研究 [J]. 情报杂志，2015，34（10）：129-133.

[22] 王传庆，李阳阳，费超群，等. 知识图谱平台综述 [J]. 计算机应用研究，2022，39（11）：3201-3210.

[23] 王国燕，汤书昆. 传播学视角下的科学可视化研究 [J]. 科普研究，2013（6）：20.

[24] 王健，乐嘉锦. RFID 数据清洗技术研究进展 [J]. 计算机科学与探索，2022，16（12）：2678-2694.

[25] 王良玉，张明林，祝洪涛，等. 人工神经网络及其在地学中的应用综述 [J]. 世界核地质科学，2021，38（1）：15-26.

[26] 王秋艳，郑亮，陈伟明，等. 人工智能与云计算在金融行业的应用实践 [J]. 人工智能，2023（2）：79-89.

[27] 魏瑾瑞，蒋萍. 数据科学的统计学内涵 [J]. 统计研究，2014，31（5）：3-9.

[28] 温丽梅，梁国豪，韦统边，等. 数据可视化研究 [J]. 信息技术与信息化，2022（5）：164.

[29] 吴丹，孙雅琪，许浩. 数据科学研究生教育的多学科比较研究 [J]. 图书馆论坛，2021，41（11）：108-117.

[30] 吴国栋，刘涵伟，何章伟，等. 知识图谱补全技术研究综述 [J]. 小型微型计算机

系统，2023，44（3）：471-482.

[31] 吴梦云，蒋浩宇，冯士倩. 多源高维数据的多分类纵向整合分析及应用 [J]. 统计研究，2021，38（8）：132.

[32] 肖飞. 云存储及应用特点探讨 [J]. 互联网天地，2019（4）：57.

[33] 徐洁磐. 人工智能导论 [M]. 北京：中国铁道出版社有限公司，2019.

[34] 杨丽华，鄂晶晶，冯锋. 云计算任务数据节能存储模型仿真 [J]. 计算机仿真，2023，40（2）：535-539.

[35] 杨旭，汤海京，丁刚毅. 数据科学导论 [M]. 北京：北京理工大学出版社，2017.

[36] 张立强，吕建荣，严飞，等. 可信云计算研究综述 [J]. 郑州大学学报（理学版），2022，54（4）：1-11.

[37] 张清华，高渝，申秋萍. 数据科学：从数字世界到数智世界 [J]. 数据采集与处理，2022，37（3）：471-487.